AF464383

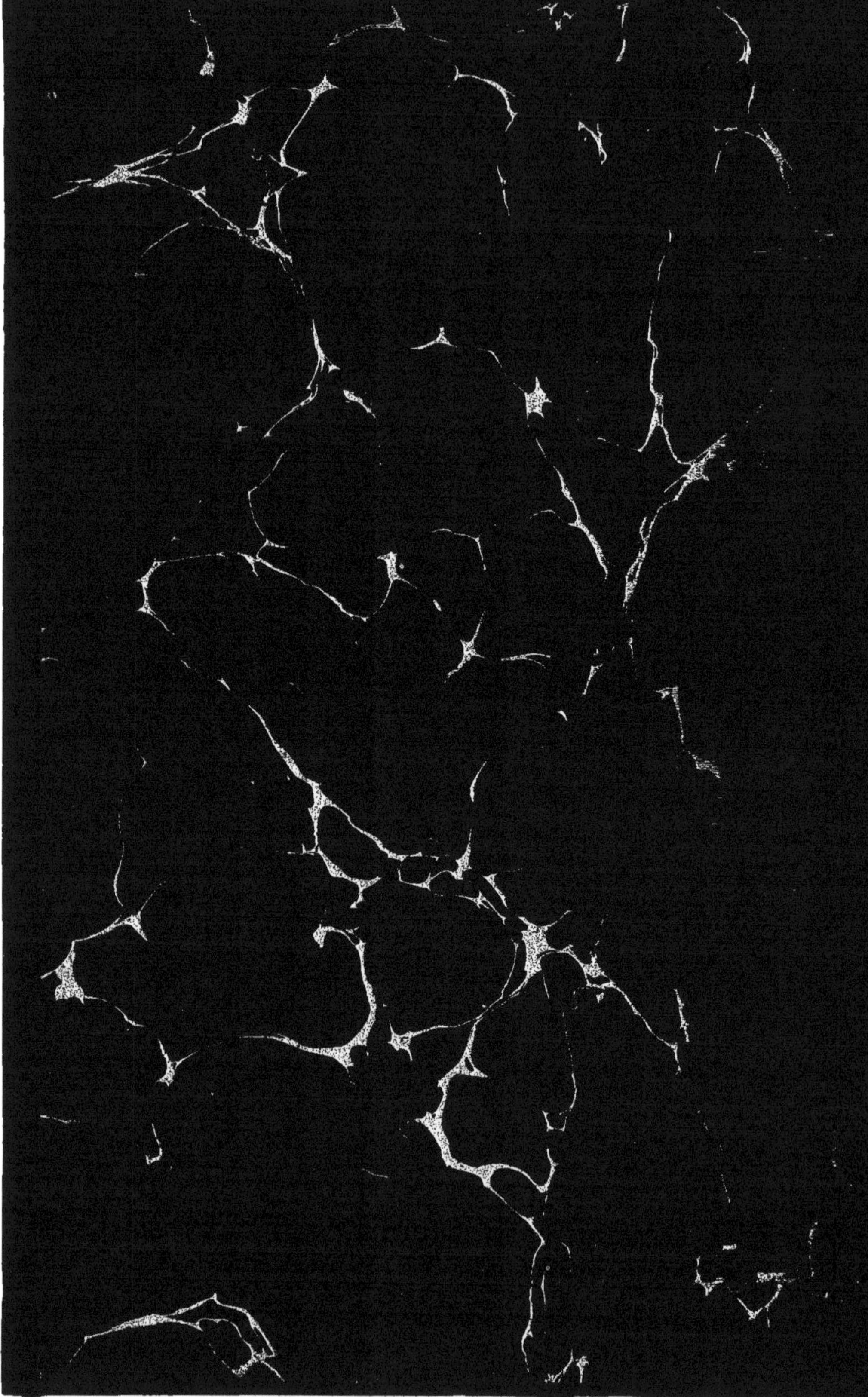

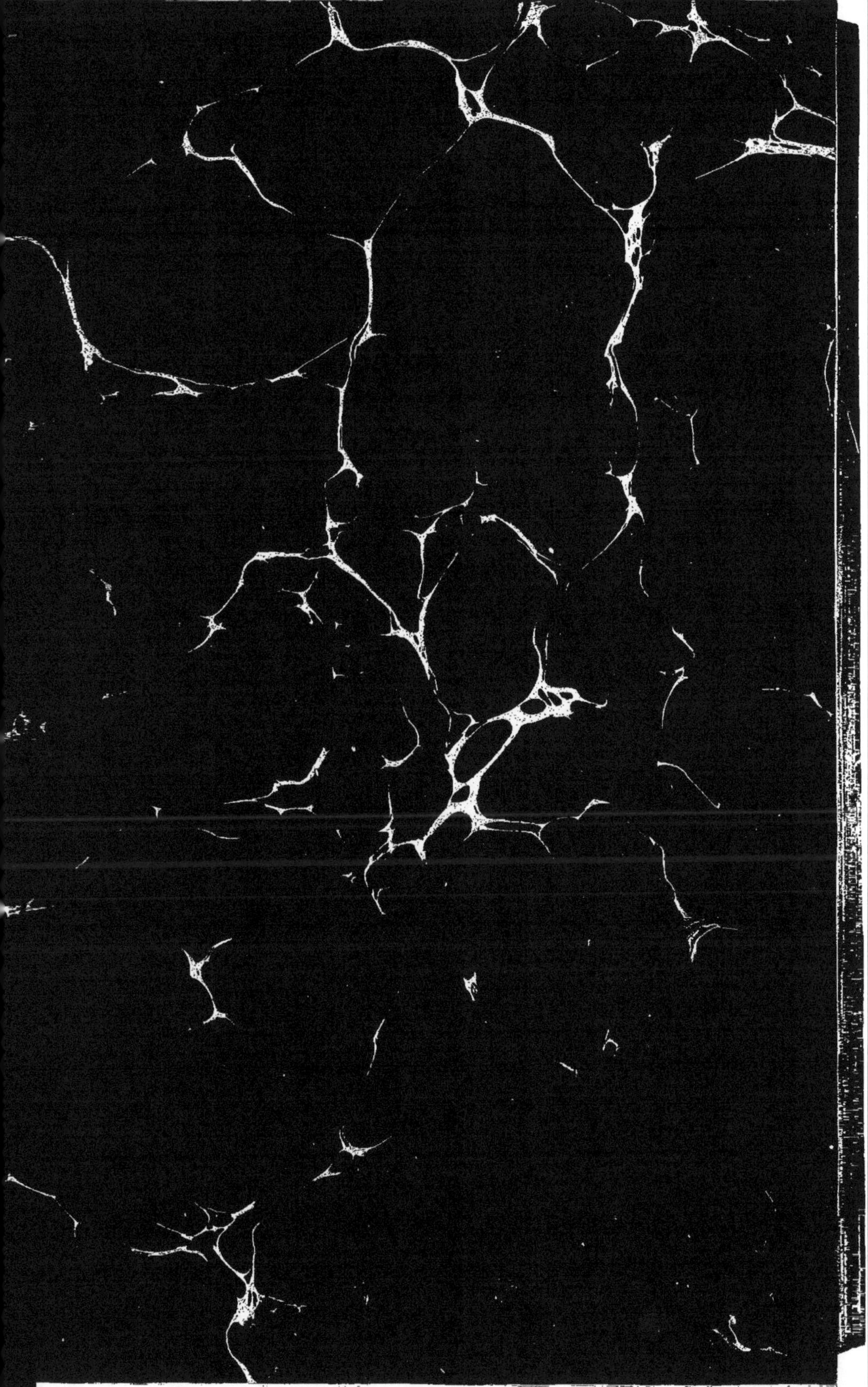

LES POUSSINS

DES

OISEAUX D'EUROPE

LES POUSSINS

DES

OISEAUX D'EUROPE

Recueil de 150 planches d'Oiseaux en duvet

PAR

MM. Armand et Albert MARCHAND.

TOME DEUXIÈME

Planches 76 à 150.

CHARTRES

IMPRIMERIE GARNIER

15, Rue du Grand-Cerf, 15

—

1883

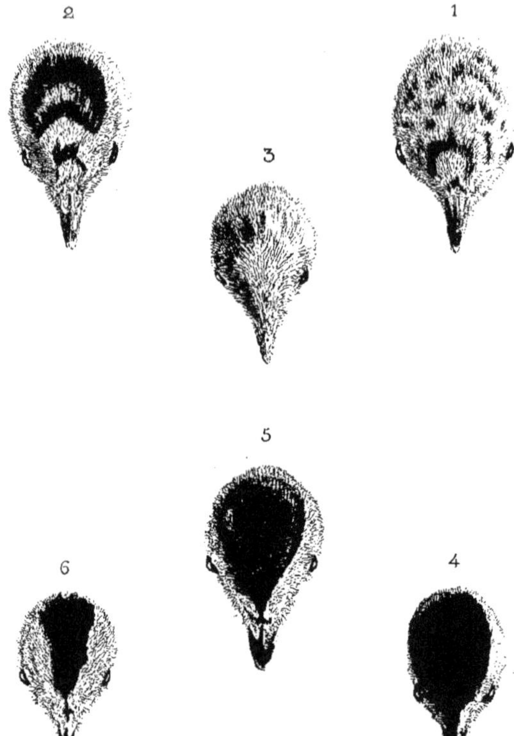

1.— Tetrao Urogallus.
2.— » Tetrix.
3.— » Bonasia.
4.— » Scoticus.
5.— » Saliceti.
6.— » Lagopus.

Alb. Marchand, del et sc.

(*Revue et Mag. de Zoologie*, **1868**, pl. 21.)

TETRAONINÆ.

TETRAONIENS.

Les vertex des six espèces européennes de la sous-famille des Tétraoniens présentent des différences suffisantes pour les caractériser facilement entre elles, et nous avons dessiné cette planche, qui permettra de les déterminer sans hésitation.

Fig. 1. — **Tetrao urogallus**, Linn.; TÉTRAS AUERHAN (*R. Z.*, 1867, pl. IV. — Pouss., pl. LI). Dessus de la tête d'un jaune olivâtre très-clair, semé de taches brun foncé; une tache en forme de croissant sur le devant du front; bec allongé; mandibule supérieure brun de corne avec la pointe liserée de blanc.

Fig. 2. — **Tetrao tetrix**, Linn.; TÉTRAS BIRKHAN (*R. Z.*, 1867, pl. VII. — Pouss., pl. LII). Duvet de la tête jaune clair; de très-petites taches noires à la naissance du bec; une tache noire se terminant en croissant sur le front, entre la ligne des yeux; une calotte occipitale d'un beau roux vif, cerclé de noir et ne descendant pas sur le cou; bec allongé; mandibule supérieure brun de corne, liserée de blanc.

Fig. 3. — **Tetrao bonasia**, Linn.; TÉTRAS GÉLINOTTE (*R. Z.*, 1864, pl. IV. — Pouss., pl. XV). Tête d'un jaune rougeâtre, sans tache; le jaune, pâle autour du bec et des yeux, arrive au rouge vif sur l'occiput; bec allongé, mandibule supérieure brun de corne. Ce Poussin est très-différent de nos autres jeunes Tétras à cause de sa tête sans taches, et cette planche peut fournir un argument de plus aux ornithologistes qui ont établi le genre Bonasia.

Fig. 4. — **Tetrao scoticus**, Tem.; TÉTRAS ROUGE (*R. Z.*, 1866, pl. XI. — Pouss., pl. XLIV). Côtés de la tête jaune d'ocre foncé, plus pâle autour des yeux; une tache occipitale d'un brun acajou très-foncé; le noir qui l'entoure, commençant dès la naissance du bec, s'étendant presque jusqu'aux yeux et se fondant avec la tache brune sur toute la partie antérieure du vertex; bec court, mandibule supérieure bleu foncé avec bords brun clair.

Fig. 5. — **Tetrao saliceti**, Tem.; TÉTRAS DES SAULES (*R. Z.*, 1866, pl. XI. — Pouss., pl. XLV). Duvet de la tête jaune brunâtre; une bande occipitale d'un roux vif, entourée de bandes noires étroites se réunissant sur le front en une tache d'un noir profond, reliée elle-même avec la naissance du bec par une étroite bande noire en forme de T; bec fort, mandibule supérieure bleu foncé, bords brun clair.

Fig. 6. — **Tetrao lagopus**, Tem.; TÉTRAS PTARMIGAN (*R. Z.*, 1863, pl. IX. — Pouss., pl. III). Duvet de la tête jaune verdâtre clair : la teinte verte plus sensible chez les exemplaires récemment préparés; une calotte occipitale très-étroite brun acajou, bordée de bandes noires se réunissant sur la nuque et sur le front pour ne former qu'une tache étroite jusqu'à la naissance du bec; bec très-court, brun de corne bleuâtre, bords brun clair. Nous devons à l'obligeance du Dr Krüper un Poussin du *T. Islandorum*, dont le vertex ne diffère en rien de celui du jeune *T. Lagopus;* la teinte générale est seulement plus pâle, comme chez beaucoup d'oiseaux du Nord; la livrée du Poussin tend donc à ramener le type islandais à l'espèce continentale.

Revue et Mag. de Zoologie, (1869.) Pl. 3.

Alb. Marchand, del et Lith

Imp. J. Langlois à Chartres.

Strix Aluco.

(*Revue et Mag. de Zoologie*, 1869, pl. 3.)

STRIX ALUCO, Temm.

CHOUETTE HULOTTE.

TAWNY OWL. — WALD-EULE. — GUFO SELVATICO.

Duvet d'un blanc éclatant à la sortie de l'œuf. Dessiné d'après des jeunes assez fraîchement montés pour avoir conservé une teinte d'un rose jaunâtre sur les parties où le duvet a peu d'épaisseur. La couleur des cires était passée, celle du bec et des ongles était bleu de corne; bouton très-visible sur le bec; oreilles apparentes et tête énorme. Ces jeunes ont été capturés en Anjou. Le Poussin de la Hulotte, d'un blanc si pur lors de l'éclosion, ne tarde pas à se teinter de roux avant même la sortie des premières plumes; nous avons reçu de M. Reess une Hulotte vivante, éclose depuis une quinzaine de jours, et capturée dans la forêt de Misedon (Mayenne), le 3 mai 1873; elle présente cette seconde livrée qui sert de passage au plumage du jeune de première année; à l'état vivant ses plumes naissantes étaient d'un cendré noirâtre, son bec était gris de corne ainsi que ses cires, et l'iris d'un noir glauque était plus blanchâtre au centre.

M. Mèves indique ce Poussin comme ayant le duvet blanc, le bec et les ongles d'un gris bleuâtre et l'iris de couleur foncée (*R. Z.*, 1864). En effet, les jeunes Hulottes sont d'un blanc pur à la sortie de l'œuf ainsi que les autres Strigidés, et ce n'est qu'après quelques jours que leur duvet devient gris et roussâtre, comme l'indique M. Gerbe. (*Ornith. Eur.*)

Les Hulottes pondent quatre ou cinq œufs dans des nids abandonnés de Pies ou de Corneilles, souvent aussi dans la cavité des vieux arbres ou des rochers; elles nourrissent longtemps leurs petits dans le nid, ceux-ci sont très-voraces, et, s'ils sont surpris, ils poussent de longs souffles en faisant claquer leur bec et en se dressant les uns contre les autres. (Bailly, *Ornith. Sav.*)

Voir la planche donnée par M. Bettoni dans les *Uccelli che nid. in Lomb.*, tav. LXXVI.

Revue et Mag. de Zoologie, (1869.) Pl. 4.

Alb. Marchand, del et Lith. ½ Imp J. Langlois, à Chartres

Larus Tridactylus.

(Revue et Mag. de Zoologie, 1869, pl. 4.)

LARUS TRIDACTYLUS, Linn.

MOUETTE TRIDACTYLE.

KITTIWAKE GULL. — DREIZEHEN-MEWE. — GABBIANO TERRAGNOLO.

Duvet très-soyeux sur la tête, plus laineux sur le dos qui prend des teintes d'un gris violacé ; la tête et le ventre d'un blanc pur ; le bec et les pieds noirs. L'exemplaire de notre collection a pu vivre une dizaine de jours et nous l'avons réduit de moitié.

La Mouette tridactyle établit sur les rochers escarpés un nid considérable composé de plantes marines ; sa ponte est de trois œufs. Des bandes se réunissent pour la reproduction sur les côtes de Bretagne, où cette espèce est très-commune à la fin de l'été ; mais c'est surtout dans les régions glaciales des mers du nord qu'elle niche par milliers.

Les ouragans de l'hiver entraînent cette Mouette jusque dans nos plaines de la Beauce plus fréquemment qu'aucune autre espèce congénère.

Les *Lariens* sont nourris dans le nid plus ou moins longtemps, et quand les nids sont placés sur les corniches des falaises, les petits sont obligés d'attendre leur complet développement avant de gagner l'eau ; on croirait, dit Morris, qu'ils n'osent se mouvoir, comme s'ils avaient le sentiment du danger qui les menace et craignaient de tomber dans les précipices. Cependant on les voit dans certaines localités se promener autour de leur nid peu de jours après leur naissance, et même chercher un refuge dans les eaux voisines.

Alb Marchand, del et lith. Imp. J. Langlois à Chartres

Puffinus Anglorum.

(Revue et Mag. de Zoologie, 1869, pl. 1.)

PUFFINUS ANGLORUM, Temm.

PUFFIN MANKS.

Manx Shearwater. — Gemeiner Tauchersturmvogel. — Berta Minore.

Duvet épais, laineux, peu adhérent, d'un gris cendré couvrant toute la tête, formant sur le vertex une houppe très-longue retombant sur la face, et cachant à demi les yeux; aucune partie dénudée; face et poitrine blanchâtres; bec noirâtre, grêle par rapport à celui du P. cendré, dont il diffère notablement; pieds jaunâtres. Ce jeune doit avoir vécu sept ou huit jours, nous l'avons reçu comme ayant été capturé aux îles Orcades.

Cet oiseau a des habitudes crépusculaires, et niche dans des terriers de lapins ou dans des trous de rochers; sa ponte est d'un seul œuf que le mâle et la femelle couvent à tour de rôle au fond du terrier; dans les premiers jours, le poussin ne doit pas pouvoir se soulever sur ses pieds, mais nous ne savions quelle pose plus vraisemblable lui donner; nous trouvons dans la *Vie des Animaux* de Brehm, que le petit, bien qu'il soit abondamment nourri par les deux parents, ne se développe que lentement et n'est capable d'abandonner son nid et de voler vers la mer que plusieurs mois après sa naissance.

Les habitants de l'Écosse salent les jeunes Puffins pour leurs provisions d'hiver et les estiment beaucoup en dépit de l'huile infecte dont ils ont l'estomac rempli, et de l'odeur qu'exhale le véritable fumier qui leur sert de nid. (Yarrell, *Brit. Birds.*)

Cette planche porte, par erreur, le nom de *Puffinus cinereus;* elle a été dessinée d'après un *Puffinus Anglorum;* nous retrouverons la véritable planche du Puffin cendré dans la *R. Z.*, 1869, pl. XIV, et dans les Pouss., pl. LXXXVII. L'attribution erronée de cette planche a été rectifiée dans la *Revue Zoologique*, à la fin de la table de l'année 1869.

Revue et Mag. de Zoologie, (1869.) Pl. 2.

Alb. Marchand, del et Lith. Imp. J. Langlois, à Chartres.

Sterna Minuta.

(*Revue et Mag. de Zoologie*, 1869, pl. 2.)

STERNA MINUTA, Linn.

PETITE HIRONDELLE DE MER.

Lesser Terne. — Zwerg-Seeschwalbe. — Fraticello.

Duvet épais et laineux, d'un blanc pur en dessous; parties supérieures d'un jaune isabelle clair parsemé de taches d'un noir grisâtre; une série de petites taches entre le bec et l'œil; bec et pieds jaunes, extrémités des mandibules noires. Cette planche est dessinée d'après deux poussins préparés en Suède; la disparition du marteau de la délivrance sur les becs de ces jeunes, opposée à la petitesse de leur taille, nous fait accepter l'attribution sous laquelle nous les avons reçus.

Les nids de la Petite Hirondelle de mer sont agglomérés par colonies sur les plages ou sur les îlots du littoral maritime, et sont nombreux d'après M. Crespon sur les étangs de la Camargue; quelques paires isolées s'installent aussi sur les rives de gravier des grands fleuves; la ponte est de deux ou trois œufs déposés à nu sur le sable ou dans une faible cavité creusée entre les galets, et couvés alternativement par le père ou par la mère pendant une quinzaine de jours; les petits sont nourris quelque temps par les parents avant de gagner les eaux profondes.

Alb Marchand del et Lith. ¾ Imp. J. Langlois, à Chartres

Mergus Serrator.

(*Revue et Mag. de Zoologie*, 1869, pl. 5.

MERGUS SERRATOR, Linn.

HARLE HUPPÉ.

READ-BREASTED MERGANSER. — LANGSCHNÄBLIGER SÄGER. — SMERGO MINORE.

Duvet de même nature que celui des jeunes canards, et également orné sur le dos de quatre taches blanches, dont deux très-apparentes sur les régions lombaires; dessus de la tête et parties supérieures d'un brun fauve; gorge, poitrine et ventre d'un blanc pur; une bande brune étroite partant des commissures du bec et passant au-dessous de l'œil; un espace blanc sur le lorum se joignant au cercle blanc qui entoure l'œil presque complètement; joues roussâtres, côtés de la poitrine d'un brun fauve. Notre exemplaire a dû vivre une dizaine de jours; nous avons réduit sa proportion aux trois quarts de la nature, son bec est brunâtre et ses pieds sont jaunâtres; nous en avons reçu un autre d'Islande, plus âgé, mais en tout semblable.

Le Harle huppé se reproduit dans le Nord; les nids seraient à terre, dans des cavités ou sur des branches au bord de l'eau et seraient composés de mousses mélangées de duvet; la ponte serait de huit à treize œufs et l'incubation durerait vingt-quatre jours. M. Mèves a capturé ce poussin en Suède (*R. Z.*, 1864).

On trouvera sous le n° 137 la planche du poussin Mergus Merganser, dont nous avons remarqué deux exemplaires dans la collection de M. Deloche, à Angers, et que nous avons dessinés depuis chez M. le Vte de Rochebouët.

Revue et Mag. de Zoologie, (1869) Pl. 6.

Alb. Marchand. del et Lith. Imp. J. Langlois, à Chartres.

Totanus Ochropus.

(*Revue et Mag. de Zoologie*, 1869, pl. 6.)

TOTANUS OCHROPUS, Temm.

CHEVALIER CUL-BLANC.

GREEN SANDPIPER. — PUNKTIRTER-WASSERLÄUFER. — CULBIANCO.

Duvet blanc et filiforme à la pointe, laineux à la base, d'un roux violacé sur la tête et le dos, d'un blanc grisâtre sous la gorge et le ventre, faiblement lavé de roux sur la poitrine; une bande sur le front partant de la naissance du bec; une bande sourcilière et une autre bande traversant l'œil; ces cinq bandes sont jointes sur la nuque sans former de calotte; le dos et le dessus des ailes variés de noir; trois larges bandes principales sur le dos; bec ne dépassant pas la moitié de la longueur de la tête; tarses très-forts et doigts très-longs, brunâtres. Ce poussin du T. Ochropus a vécu une dizaine de jours; il diffère de celui du T. Glareola en ce qu'il n'a pas de calotte noire comme ce dernier. Consulter pour les différences existant entre les vertex des jeunes Chevaliers notre planche *Pouss.* pl. CV et *Rev. Zool.,* 1873, pl. XI.

Le Chevalier cul-blanc se reproduit dans les régions tempérées du nord de l'Europe, il niche dans les herbes au bord des eaux, parfois, a-t-on dit, sur un buisson ou entre les cailloux du rivage; la ponte est de quatre œufs. Les petits aussitôt éclos suivent leurs père et mère et cherchent leur pâture qui consiste en petits insectes très-mous, œufs de fourmis, etc.; ils restent cachés la plus grande partie du jour et ne marchent guère que le soir et pendant la nuit. (Bailly, *Ornith. de la Savoie.*)

Alb. Marchand del et Lith. Imp. J. Langlois, à Chartres.

Astur Nisus.

(*Revue et Mag. de Zoologie*, 1869, pl. 7.)

ASTUR NISUS, Degl.

ÉPERVIER ORDINAIRE.

SPARROW-HAWK. — FINKEN-SPERBER. — SPARVIERE.

Duvet cotonneux, rare et léger, d'un blanc pur ; parties dénudées jaune citron ; bec noir de corne ; cires et pieds jaunes, ongles noirâtres ; yeux à demi-fermés. Nous avons choisi pour cette planche un poussin de quatre ou cinq jours ; nous en possédons plusieurs d'une dizaine de jours, et deux autres mâle et femelle, dont la taille atteint celle de leurs parents, et dont les pennes des ailes sont sorties du milieu d'un duvet blanc pur.

L'Épervier niche sur les arbres élevés des futaies, fréquemment sur les sapins, cependant il établit son nid dans le creux des rochers escarpés, quand il habite des localités dépourvues de forêts ; sa ponte est de quatre à six œufs ; l'incubation dure trois semaines ; les femelles sont reconnaissables, même en duvet, à leur plus grande taille.

Voir une planche très-exacte due au talent de M. Dressler, dont les chromolithographies sont fort remarquables. (Bettoni, *Uccelli in Lomb.*, tav. XXXVI.)

L'Épervier doit être mis au nombre des oiseaux nuisibles, parce qu'il est un grand destructeur des petits oiseaux qui sont nos meilleurs auxiliaires dans la guerre aux chenilles et aux insectes.

Alb. Marchand. del et Lith. ½ Imp. J. Langlois, à Chartres.

Buteo Lagopus.

(*Revue et Mag. de Zoologie*, 1869, pl. 8.)

BUTEO LAGOPUS, Vieill.

BUSE PATTUE.

ROUGH-LEGGED BUZZARD. — RAUHFUSS-BUSARD. — FALCO CALZATO.

Duvet court et laineux sur le corps, se prolongeant en longues soies sur la tête; d'un blanc jaunâtre sur la tête et sous le ventre, plus cendré sur le dos; bec noir; cires, lorums, tours des yeux, partie dénudée du ventre et pieds d'un jaune pâle; dessus du tarse recouvert de duvet. Ce poussin doit avoir vécu une douzaine de jours, il fait partie de la collection de M. Jules Vian, à l'obligeance duquel nous en devons la communication; notre planche est réduite à la moitié de la nature.

Les mœurs et le mode de nidification de la Buse pattue sont les mêmes que ceux de la Buse ordinaire; cet oiseau niche dans le nord de l'Europe sur les arbres élevés, parfois sur les rochers, et sa ponte est de quatre œufs. M. Mèves a capturé des poussins vivants dans sa course du Jemtland. (*R. Z.*, 1864.)

Revue et Mag. de Zoologie,(1869) Pl. 9.

Alb. Marchand, del et Lith. 2/3 Imp. J. Langlois, à Chartres.

Falco Tinnunculus.

(Revue et Mag. de Zoologie, 1869, pl. 9.)

FALCO TINNUNCULUS, Linn.

FAUCON CRESSERELLE.

KESTREL. — THURMFALK. — GHEPPIO.

Le poussin sortant de l'œuf est d'un blanc jaunâtre, et notre planche eût été si semblable à celle de la Cresserellette, dont elle n'eût différé que par les ongles noirs, que nous avons jugé plus intéressant de choisir une Cresserelle de quelques jours, dont les plumes des ailes apparaissent dans leurs fourreaux. A ce moment le duvet a épaissi et pris une teinte d'un gris cendré roux; le bec est couleur de chair, les cires sont jaune paille; l'iris est d'un noir bleuâtre; le tour des yeux et les parties dénudées sont jaunes, la peau des lorums et des joues est d'un vert livide avec de petites pointes de duvet blanc, et les ongles sont noir de corne. Nous avons dessiné cette planche d'après un poussin vivant depuis une dizaine de jours que nous avons réduit aux deux tiers de sa taille. Nous en avons déniché un assez grand nombre d'âges variés : nous trouvâmes une fois, dans un nid, des jeunes emplumés ayant des ongles blancs.

Suivant les localités, la Cresserelle niche dans les trous des ruines, ou des clochers, sur les falaises, et fréquemment sur les arbres, dans des nids abandonnés par les pies; nous en avons même vu chasser les pies pour s'emparer de leurs nids, dont elles détruisaient alors les buchettes superposées en forme de toit et qu'elles tapissaient grossièrement de tissus d'écorces mortes, de poils ou de mousse; la ponte est de quatre ou cinq œufs et commence en avril. Les jeunes restent avec leurs parents jusqu'en septembre. (Voir *Uccelli in Lomb.*, tav. XXXV.)

Revue et Mag. de Zoologie, (1869) Pl. 10.

Alb. Marchand, del. et Lith. Imp. J Langlois, à Chartres.

Falco Cenchris.

(*Revue et Mag. de Zoologie*, 1869, pl. 10.)

FALCO CENCHRIS, Naum.

FAUCON CRESSERELLETTE.

LESSER KESTREL. — RÖTHEL-FALK. — FALCO GRILLAJO.

Duvet soyeux, peu garni, d'un blanc pur; peau des parties dénudées jaune; bec et pieds jaune pâle sur notre exemplaire desséché; ongles blancs, seul caractère qui nous paraisse séparer le poussin de la Cresserellette de celui de la Cresserelle. Notre jeune est de trois ou quatre jours; il a été capturé aux environs d'Astrakan.

Ce faucon a les mœurs de la Cresserelle et niche aussi dans les vieux murs et les trous des rochers, parfois en Grèce sous les toits des maisons habitées; sa ponte est de trois ou quatre œufs déposés sans nid sur le sol de la cavité qu'il a adoptée.

Revue et Mag. de Zoologie, (1869). Pl. 14.

Alb. Marchand, del et Lith. ½ Imp. J. Langlois, à Chartres.

Puffinus Cinereus.

(*Revue et Mag. de Zoologie*, 1869, pl. 14.)

PUFFINUS CINEREUS, Temm.

PUFFIN CENDRÉ.

CINEREOUS SHEARWATER. — GRAUER TAUCHERSTURMVOGEL. — BERTA MAGGIORE.

Duvet long de 0m 03 à 0m 04, à la fois léger et touffu, fort grossier, d'un gris cendré violacé; la poitrine d'un blanc sale; joues, gorge et front dénudés, jaunâtres; bec très-fort, jaune livide, très-différent du bec noirâtre et comparativement grêle du jeune Mancks; pieds jaunes. Dessiné d'après un jeune d'une quinzaine de jours, que nous avons réduit de moitié; il nous a été envoyé des Cyclades par le Dr Krüper; nous supposons que notre exemplaire a perdu sur la face quelques duvets courts et sur le vertex des duvets plus longs, qui doivent exister dans l'habit des premiers jours après l'éclosion comme chez le Puffin Manks et chez les Thalassidromes.

Le Puffin cendré est répandu sur la Méditerranée, et se reproduit sur les îles de cette mer, fréquemment en Corse; la femelle dépose un seul œuf dans les trous des rochers, et M. Gerbe dit (*Ornith. Eur.*) qu'aussitôt après l'éclosion elle abandonne le nid, cherche un gîte dans un autre trou des environs, et ne vient visiter son petit que la nuit pour lui apporter de la nourriture. Nous avons fait paraître, dans la *R. Z.*, 1869, pl. I, et Pouss., pl. LXXIX, une figure portant le nom de Puffinus Cinereus, mais dans le texte nous avons restitué cette planche au Puff. Anglorum, qu'elle représentait réellement. Cette erreur s'était glissée à l'impression pendant notre absence, et une rectification a été insérée à la fin de la table de l'année 1869 de la *Revue Zoologique*.

Revue et Mag. de Zoologie, (1869). Pl. 15.

Alb. Marchand del. et Lith. ½ Imp. J. Langlois, à Chartres

Phaëton Æthereus.

(Revue et Mag. de Zoologie, 1869, pl. 15.)

PHAETON ÆTHEREUS, Linn.

PHAËTON ÉTHÉRÉ.

TROPIC BIRD. — TROPIKVOGEL. — FETONTE ..... *

Duvet atteignant 0m 03 de longueur et se soulevant au moindre souffle, entièrement d'un blanc pur; la peau des lorums est noire, et semée de petites pointes de duvet blanc; la peau qui apparaît à la gorge est jaunâtre; le bec et les pieds sont d'un brun rougeâtre; le bouton du bec est encore visible sur notre exemplaire, bien que notre planche ne présente que la moitié de la nature. Le duvet de ce poussin est trop léger pour lui permettre de nager, il doit s'élever dans le nid. M. Gerbe dit (*Ornith. Eur.*) que ces oiseaux naissent couverts d'un long duvet blanchâtre, lavé d'une légère teinte brunâtre sur la tête et le dos. Notre poussin est d'un blanc pur, nous ignorons s'il a perdu ou n'a pas encore acquis la teinte brunâtre sur la tête et le dos. Le Phaëton éthéré habite les tropiques, et son admission sur les listes des oiseaux d'Europe est très-contestée; nous l'avons figuré à l'état de duvet, pensant qu'il était peu connu.

Le Phaëton pond un seul œuf, d'après Brehm (*Vie des Animaux*, édit. Gerbe), et le dépose sous des fourrés s'il se croit en sûreté, ou dans des crevasses de rochers, si les îles qu'il a choisies sont fréquentées. Les jeunes encore dans le nid, sont ramassés en boule et couverts d'un duvet d'une blancheur éblouissante, qui les fait ressembler parfaitement à des houppes à poudrer en duvet de cygne.

* *Stor. Degli Uccelli.*

Alb Marchand, del et Litho. 1/3 Imp. J. Langlois, à Chartres.

Strix Bubo.

(*Revue et Mag. de Zoologie*, 1869, pl. 16.)

STRIX BUBO, Linn.

HIBOU GRAND-DUC.

EAGLE OWL. — EUROPÄISCHER UHU. — GUFO REALE.

Duvet épais, laineux, irrégulier, d'un gris roussâtre barré de raies brunes, indécises; l'extrémité des duvets gris porte des duvets blanchâtres très-légers et peu adhérents, ces duvets sont les restes du premier habit blanchâtre que porte le jeune Grand-Duc à sa sortie de l'œuf; duvets très-longs au-dessus des cuisses; la poitrine est le point sur lequel le roux est le plus vif; bec et pieds énormes; tarses et doigts couverts d'un épais duvet roussâtre, assez court. Ce jeune âgé d'une dizaine de jours a été réduit au tiers de sa grandeur naturelle, il provient des Basses-Alpes; les poussins de cette espèce doivent grossir avec une prodigieuse rapidité, car nous en possédons un dont les pennes des ailes sont les seules plumes commençant à paraître, et dont la taille n'est pas fort loin d'égaler celle de l'oiseau adulte.

Le Grand-Duc défend son nid avec courage, il l'établit dans les vieilles murailles et les trous des rochers, quelquefois à terre au milieu des roseaux; il pond deux œufs, rarement trois. Linné, pendant un voyage en Laponie, trouva, le 17 mai, un nid placé sur l'un des arbres les plus élevés du pays; ce nid contenait un œuf infécond, et deux poussins très-petits et couverts d'un duvet blanchâtre.

M. Brehm cite des exemples de Grands-Ducs ayant réussi à élever leurs petits en captivité.

Alb. Marchand, del. et Litho. Imp. J. Langlois, à Chartres

Strix Tengmalmi.

(*Revue et Mag. de Zoologie*, 1869, pl. 17.)

STRIX TENGMALMI, Gmel.

CHOUETTE TENGMALM.

TENGMALM'S OWL. — RAUHFUSS-KAUTZ. — CIVETTA CAPOGROSSO.

Duvet long et léger, d'un brun violacé, portant à son extrémité de petites houppes du duvet blanc pur qui couvre le jeune lors de son éclosion ; ce duvet blanc est chassé par le brun, et tombe au bout de quelques jours, ce qui, comme nous l'avons déjà remarqué, arrive évidemment chez tous les rapaces nocturnes ; disques noirs autour des yeux ; bec gris de corne ; tarses garnis de duvets naissants ; doigts brunâtres, ongles noirs ; les parties dénudées du bas du cou et du ventre paraissent avoir été jaunes. Nous possédons deux exemplaires, que nous avons choisis chez M. E. Fairmaire sur un certain nombre de sujets de différents âges ; celui que nous avons dessiné peut avoir une dizaine de jours ; ces jeunes Tengmalms sont bien caractérisées par le duvet brun qui devient le plumage avant la première mue.

Cette espèce fréquente les forêts de pins des montagnes, et est sédentaire dans les Vosges et les Basses-Alpes ; elle niche dans des arbres creux et construit aussi parfois un nid d'herbes vers la moitié de la hauteur d'un sapin ; sa ponte est habituellement de quatre œufs.

Revue et Mag. de Zoologie, (1870). Pl. 2.

Alb. Marchand del et Lith. Imp. J. Langlois, à Chartres.

Circus Rufus.

(*Revue et Mag. de Zoologie*, 1870, pl. 2.)

CIRCUS RUFUS, Schleg.

BUSARD HARPAYE OU DE MARAIS.

MARSH HARRIER. — ROHR-WEIHE. — FALCO DI PALUDE.

Duvet un peu court, cotonneux, d'un blanc faiblement roussâtre; l'occiput restant d'un blanc pur; un cercle brun autour des yeux; mandibule supérieure du bec noire, avec bouton visible et éloigné de la pointe du bec; mandibule inférieure jaune; cires et pieds jaunes. Dessiné d'après un poussin d'un jour ou deux, que nous attribuons au C. Rufus avec une confiance, qui ne repose que sur l'examen d'un exemplaire plus jeune et cependant à bec plus fort que celui de notre poussin de Montagu. Le B. Harpaye niche à terre dans les roseaux, parfois dans les bruyères ou sur les buissons, mais toujours dans le voisinage des marais; on voit des nids composés d'un monceau de plantes aquatiques émergeant au-dessus de l'eau; la ponte est de trois ou quatre œufs.

M. Dressler a dessiné de jeunes Busards déjà très-gros dans la pl. XXXI des *Oiseaux de la Lombardie,* publiée par M. Bettoni.

Les poussins des Busards, Buses, Éperviers, etc., ont le bec plus ou moins noir, tandis que les becs des Faucons sont teintés de couleurs pâles lors de l'éclosion; ainsi celui du Hobereau est rose, celui de la Cresserelle est bleuâtre, etc.

Bien que les Busards nous délivrent d'un certain nombre de mammifères rongeurs, ils détruisent tant de nids et de jeunes oiseaux qu'ils doivent bien plutôt être classés au nombre des oiseaux nuisibles.

Revue et Mag. de Zoologie, (1870). Pl. 3.

Alb Marchand, del et Lith. Imp. J. L'anglois, à Chartres.

Circus Cineraceus.

(Revue et Mag. de Zoologie, 1870, pl. 3.)

CIRCUS CINERACEUS, Naum.

BUSARD MONTAGU.

MONTAGU'S HARRIER. — WIESENWEIHE. — ALBANELLA PICCOLA.

(Première planche)

Duvet cotonneux, un peu plus long que celui de l'espèce précédente, et d'un blanc plus roussâtre ; dessus de la tête de la même teinte que le dos ; tache occipitale d'un blanc pur semblable à celle qui existe chez les poussins des Buses ; pas de cercle autour des yeux, ou au moins est-il très-peu apparent tandis qu'il est dénudé chez des poussins âgés d'une douzaine de jours ; parties cornées du bec noires aux deux mandibules ; bouton visible ; cires et pieds jaunes ; d'après un poussin de quatre ou cinq jours.

Le Montagu niche à terre, dans les terrains arides, les landes, les bruyères ou les bois découverts, et aussi dans les blés, ainsi que nous avons pu nous en assurer plusieurs fois en Beauce ; dans d'autres localités les nids sont cachés dans les roseaux des marais ; la ponte est de trois ou quatre œufs. Pendant la saison des nichées nous voyons chaque jour des Busards traverser nos plaines en rasant la terre et en se balançant au-dessus des récoltes, puis ils transportent à plusieurs lieues le fruit de leurs chasses pour l'apporter à leurs petits. Nous avons souvent élevé de jeunes Busards trouvés dans nos plaines, mais ils supportent péniblement la captivité ; leur naturel farouche les rend sans cesse inquiets, et ils meurent le plus souvent après quelques mois.

Nous possédons des jeunes en duvet du C. Pallidus et du C. Cyaneus, mais ils nous paraissent si semblables à celui du C. Cineraceus, que nous renonçons à les dessiner, désespérant de pouvoir établir des planches reconnaissables.

Nous avons figuré sous le n° 127 un poussin de la variété noire du Busard Montagu, capturé en Champagne par M. Jules Ray, dans un nid où se trouvaient d'autres poussins revêtus du duvet ordinaire.

Revue et Mag. de Zoologie, (1870). Pl. 4.

Alb. Marchand, del et Lith. Imp. J. Langlois, à Chartres.

Strix Otus.

(Revue et Mag. de Zoologie, 1870, pl. 4.)

STRIX OTUS, Linn.

HIBOU MOYEN-DUC.

Long-Eared Owl. — Wald-Ohreule. — Allocco.

Duvet cotonneux, rare et très-léger, laissant apercevoir une peau rosacée, quand les poussins sont vivants ; le duvet est entièrement blanc ; le bec couleur de corne un peu rose ; les narines très-développées ; les yeux d'un noir glauque, fermés ou pouvant à peine s'entr'ouvrir : ces jeunes se tiennent couchés dans le nid ; souvent la tête est appuyée sur la pointe du bec rapprochée de la poitrine.

Ayant trouvé, dans les premiers jours de juillet 1870, un nid de Moyen-Duc, où il y avait seulement deux œufs, nous y montions tous les deux jours ; enfin, le 18, nous y trouvâmes les poussins d'un ou deux jours, d'après lesquels nous avons donné les indications précédentes. Nous avons regretté alors d'avoir terminé notre planche, dessinée d'après un jeune que nous avions trouvé mort, tombé d'un nid à la suite d'un orage ; notre figure eût eu plus l'accent de la nature vivante d'après notre dernière nichée.

Le duvet blanc ne tarde guère à être remplacé par un duvet grisâtre beaucoup plus épais ; repoussées à l'extrémité de ce nouvel habit, les houppes blanches tombent facilement et disparaissent en quelques jours. Cette durée presque éphémère de la livrée blanche a souvent induit en erreur les observateurs qui n'ont eu connaissance que de la livrée noirâtre qui est beaucoup plus persistante. Nous possédons de jeunes sujets pendant cette métamorphose du blanc au gris ; ils deviennent alors d'un gris roussâtre rayé transversalement de brun ; la face est d'un noir brun, les disques sont blanchâtres et les iris d'abord noirs ne tardent pas à devenir jaunes ; ils séjournent dans le nid environ un mois ; lorsqu'ils en sont sortis, ils font entendre, le soir, un cri composé d'une seule note perçante, plaintive et singulièrement triste ; ce cri a sans doute pour but d'indiquer à leurs parents la branche sur laquelle ils se tiennent immobiles, et ceux-ci continuent à leur porter le produit de leurs chasses pendant quelque temps.

Le Moyen-Duc niche régulièrement dans nos environs ; nous avons eu connaissance d'un assez grand nombre de nids établis dans de vieux nids de pies, sur des pins silvestres de hauteur moyenne ; la ponte est habituellement de quatre œufs.

M. Bettoni donne une excellente planche représentant les jeunes à quatre âges différents. (*Uccelli in Lomb.,* pl. LVI.)

Le Moyen-Duc mérite notre protection parce qu'il nous délivre d'une quantité de petits mammifères rongeurs, ainsi que l'attestent les boules de poils et d'os brisés qui jonchent la terre au pied des arbres sur lesquels ces oiseaux restent perchés sans remuer pendant le jour.

Revue et Mag. de Zoologie, (1870). Pl 5.

Alb Marchand, del. et Lith.

Imp. J. Langlois, à Chartres

Totanus Macularius.

(*Revue et Mag. de Zoologie*, 1870, pl. 5.)

TOTANUS MACULARIUS, Vieill.

CHEVALIER PERLÉ.

Spotted Sandpiper. — Drossel-Uferlaufer. — Piro-Piro Americano *.

Duvet épais à la base et terminé par des soies très-fines; gorge, poitrine et ventre d'un blanc argenté; dessus de la tête et dos d'un gris cendré varié de points noirs; une bande noire partant de la naissance du bec, très-apparente sur la tête et le dos, et se terminant à la queue; deux bandes noires traversant les yeux et se réunissant sur la nuque à la bande médiane; duvets de la queue très-allongés; bec et pieds grisâtres. Ce poussin ressemble beaucoup à celui du T. Hypoleucos, que nous avons décrit (Pouss., pl. xl), et avec lequel il forme le sous-genre Actitis; cependant il s'en distingue par sa poitrine plus argentée, son dos plus cendré et ses bandes noires plus prononcées. Le poussin de quatre ou cinq jours que nous reproduisons nous provient des États-Unis. Le Chevalier Perlé niche, d'après M. Temminck, dans les régions américaines du cercle arctique; son nid est placé sur une petite éminence au milieu des champs et garni de menues herbes sèches; sa ponte est de quatre œufs. Yarrell cite un passage d'Audubon (*Ornithological Biography*), concernant la faculté qu'ont ces oiseaux de transporter leurs œufs lorsqu'un danger les menace; ce naturaliste ayant placé des pierres sur un nid contenant quatre œufs, afin de les reprendre le soir, fut fort surpris à son retour, de voir que la pauvre petite bête avait non-seulement creusé un nouveau nid, mais qu'elle y avait apporté deux des œufs du premier nid, sans que les pierres eussent été écartées; il ne put concevoir comment l'oiseau avait transporté les

* Savi, *Orn. Ital.*

œufs dont l'incubation ne faisait, d'ailleurs, que commencer, ce qui rendait d'autant plus singulier l'attachement de l'oiseau pour sa couvée.

Nous avons figuré le vertex de ce poussin, planche CV, fig. 4 (*Rev. Zool.,* 1873, pl. XI, fig. 4).

Revue et Mag. de Zoologie, (1870). Pl. 6.

Alb. Marchand, del et Lith. 2/3 Imp. J. L'anglois, à Chartres

Uria Troile.

(Revue et Mag. de Zoologie, 1870, pl. 6.)

URIA TROILE, Lath.

GUILLEMOT A CAPUCHON.

COMMON GUILLEMOT. — TROIL-LUMME. — URIA MAGGIORE *.

Duvet laineux, d'un brun noirâtre sur la tête et les parties supérieures ; ventre plus soyeux et d'un blanc pur, lavé de gris cendré sur les limites du manteau foncé ; duvet marron, très-court entre le bec et l'œil ; gorge blanche ; devant du cou brun ; tête, joues et cou semés de soies blanches dépassant le duvet brun ; bec noir, ayant à la mandibule supérieure une tache blanche sur laquelle est placé le bouton ; pointe de la mandibule inférieure blanche ; pieds noirs. Nous avons dessiné notre planche d'après un poussin d'une huitaine de jours, provenant des Orcades et que nous avons réduit aux deux tiers de la grandeur naturelle. Les Guillemots nichent en bandes nombreuses et déposent un seul œuf sans nid dans des trous de rochers ; l'incubation durerait un mois. Yarrell prétend que la femelle se tient droite sur son œuf pendant l'incubation, et que les petits sont nourris pendant quelque temps sur les rochers par leurs parents qui leur apportent des morceaux de poisson ; on croit, dit Morris, que la mère transporte son jeune poussin à la mer sur son dos. Un grand nombre nichent dans les falaises de Normandie et sur les côtes d'Angleterre, où, d'après Degland, on recherche les œufs pour faire des coquetiers. (*Ornith. Eur.*)

* *Stor. Degli Uccelli.*

Revue et Mag. de Zoologie, (1870). Pl. 7.

Alb Marchand, del et Lith. Imp. J. Langlois, à Chartres.

Anas Strepera.

(*Revue et Mag. de Zoologie*, 1870, pl. 7.)

ANAS STREPERA, Linn.

CANARD CHIPEAU ou RIDENNE.

Gadwall. — Schnarr-Ente. — Canapiglia.

Duvet d'un jaune verdâtre pâle, s'étendant sur le front, les côtés de la tête, le cou, la poitrine et sous le ventre; une calotte noire très-tranchée reliée à la naissance du bec et au brun olivâtre du dos et des parties supérieures; taches jaunes indécises sur les ailes; deux autres taches arrondies à la naissance de la queue, d'un beau jaune; bandes sourcilières et joues d'un jaune verdâtre; un trait noir traversant l'œil; bec brunâtre; pieds livides; doigts bordés, sur les palmures, de bandes jaunâtres. Nous avons dessiné cette planche d'après un poussin de cinq ou six jours reçu d'Allemagne, mais provenant des rives du Volga; nous avons pris confiance dans son attribution après l'avoir comparé avec les autres jeunes Canards.

Le Chipeau habite le nord de l'Europe et y niche dans les prairies marécageuses, au milieu des joncs, et dépose sept à neuf œufs sur un nid composé de duvet et d'herbes sèches.

Ce Canard s'est reproduit en domesticité à Regent's Park, en 1861. (*Journal l'Acclimatation,* 20 juin 1875.)

Revue et Mag. de Zoologie, (1870). Pl. 8.

Alb. Marchand. del. et Lith. Imp. J. L'anglois, à Chartres.

Podiceps Cristatus.

(*Revue et Mag. de Zoologie*, 1870, pl. 8.)

PODICEPS CRISTATUS, Lath.

GRÈBE HUPPÉ.

GREAT-CRESTED GREBE. — HAUBEN-TAUCHER. — SVASSO COMUNE.

Duvet soyeux et très-serré; la tête et le cou zébrés de bandes d'un noir brun, se détachant sur un fond faiblement lavé de roussâtre; gorge, milieu de la poitrine et ventre d'un blanc pur; dos brun sillonné de bandes longitudinales roussâtres; plaque dénudée sur la tête conservant quelques traces du rouge qui la colore sans doute à l'état vivant; lorums nus, bec traversé de noir, le milieu et les extrémités jaunâtres sur les deux mandibules; pieds olivâtres; d'après un poussin d'une dizaine de jours provenant de la Russie méridionale.

Le Grèbe huppé construit un nid flottant, composé de détritus de végétaux aquatiques, attaché aux roseaux environnants et très-peu élevé au-dessus de la surface de l'eau; la ponte est de trois ou quatre œufs. Les petits vont à l'eau et nagent dès leur naissance; les parents s'élancent du nid pour plonger et si un danger menace leur couvée, ils entraînent leurs poussins sous l'eau en les maintenant sous leurs ailes pour les soustraire aux recherches. Yarrell, en signalant ce fait d'après M. Lubbock, ajoute que les Grèbes ont grand soin de leurs poussins et qu'ils les nourrissent de petits poissons, de crustacés et aussi de végétaux, préférant à tout des têtards de crapauds ou de grenouilles. M. Brehm cite un observateur qui trouva à sa grande surprise deux poussins enfouis dans les plumes d'un Grèbe huppé qu'il venait de tuer; et l'une de ses vignettes représente une femelle de Grèbe nageant en portant ses petits sur ses ailes (Brehm, *Vie des Animaux*, édition Z. Gerbe). Voir une vignette d'un poussin en duvet placé sur les coudes (Yarrell, *Brit. Birds*, tome III, p. 419).

Revue et Mag. de Zoologie, (1870). Pl. 9.

Alb. Marchand del et Lith.

Podiceps Cornutus.

(*Revue et Mag. de Zoologie*, 1870, pl. 9.)

PODICEPS CORNUTUS, Lath.

GRÈBE CORNU ou ESCLAVON.

SCLAVONIAN GRÈBE. — GEHORNTER TAUCHER. — SVASSO FORESTIERO.

Duvet épais et soyeux ; la tête et le cou zébrés longitudinalement de bandes d'un noir grisâtre se détachant sur un fond blanc ; taches descendant sur le devant du cou ; haut de la poitrine grisâtre ; ventre d'un blanc pur ; dos noirâtre sillonné de bandes longitudinales étroites, grises ; plaque sur la tête et lorums dénudés, conservant quelques traces de jaune et de rouge ; bec jaune pâle, avec une bande brune traversant la mandibule supérieure et laissant l'extrême pointe jaune ; d'après un poussin de trois ou quatre jours reçu de Suède.

Le nid est considérable s'élevant ou s'abaissant suivant le niveau de l'eau sur laquelle il flotte. La ponte est de trois ou quatre œufs. Pendant un séjour en Islande, M. Proctor ayant vu un de ces oiseaux plonger de son nid, attendit sa réapparition avec le fusil à l'épaule ; ayant fait feu au moment ou le Grèbe sortait de l'eau et l'ayant tué, il fut fort surpris de voir mourir sur l'eau deux poussins qui paraissaient être cachés sous les ailes de leur mère ; il tira plusieurs autres oiseaux de cette espèce qui plongeaient tous avec leurs petits sous leurs ailes. (Yarrell, *Brit. Birds.*)

Revue et Mag. de Zoologie, (1870). Pl. 10.

Alb Marchand. del et Lith. Imp. J. L'anglois, à Chartres.

Vanellus Gregarius.

(*Revue et Mag. de Zoologie*, 1870, pl. 10.)

VANELLUS GREGARIUS, Schleg.

VANNEAU KEPTUSCHKA.

Social Plover. — Gesseliger Kibitz. — Vanello Forestiero *.

Duvet laineux d'un blanc jaunâtre faiblement lavé de roux; sommet de la tête, dos et dessus des ailes semés de nombreuses taches noires; gorge et joues blanchâtres; un collier d'un blanc jaunâtre, au bas de la nuque; bec et pieds bruns. Nous reproduisons ici un poussin de quatre ou cinq jours capturé sur les bords du Volga.

Le Vanneau Keptuschka ou Chétusie sociale se réunit pour la reproduction en bandes plus ou moins nombreuses; d'après Pallas il aurait son nid à terre dans les plaines arides et ses mœurs seraient exactement celles des Vanneaux.

* Savi, *Orn. Ital.*

Revue et Mag. de Zoologie, (1870). Pl. 11.

Alb. Marchand, del et Lith. Imp. J. Langlois, à Chartres.

Machetes Pugnax.

(Revue et Mag. de Zoologie, 1870, pl. 11.)

MACHETES PUGNAX, Cuv.

COMBATTANT VARIABLE.

RUFF. — KAMPF-STRANDLAUFER. — GAMBETTA.

Duvet épais, laineux à la base et terminé par des soies très-fines; d'un jaune roussâtre, varié de taches noires et de roux vif sur le dessus de la tête, le dos et le flanc des cuisses; les taches noires sont ornées de petites houppes floconneuses blanchâtres; bec et pieds brunâtres. Nous avons donné notre planche d'après des poussins très-semblables, bien que de provenances différentes.

Les Combattants ne nichent nulle part en plus grand nombre qu'en Hollande; le nid est à terre dans les prairies humides, et la ponte est de quatre ou cinq œufs déposés au fond d'une simple dépression du sol garnie de quelques herbes sèches; l'incubation serait de dix-sept à dix-huit jours; les poussins ne tardent pas à quitter le nid sous la protection de leur mère, ils se cachent au moindre bruit et sont difficiles à découvrir au milieu des roseaux.

Les houppes terminales du duvet constituent un caractère qui éloignerait le Combattant des Chevaliers et le rapprocherait des Bécasseaux et des Bécasses avec lesquels il partage cette particularité fort saillante au moment de la naissance.

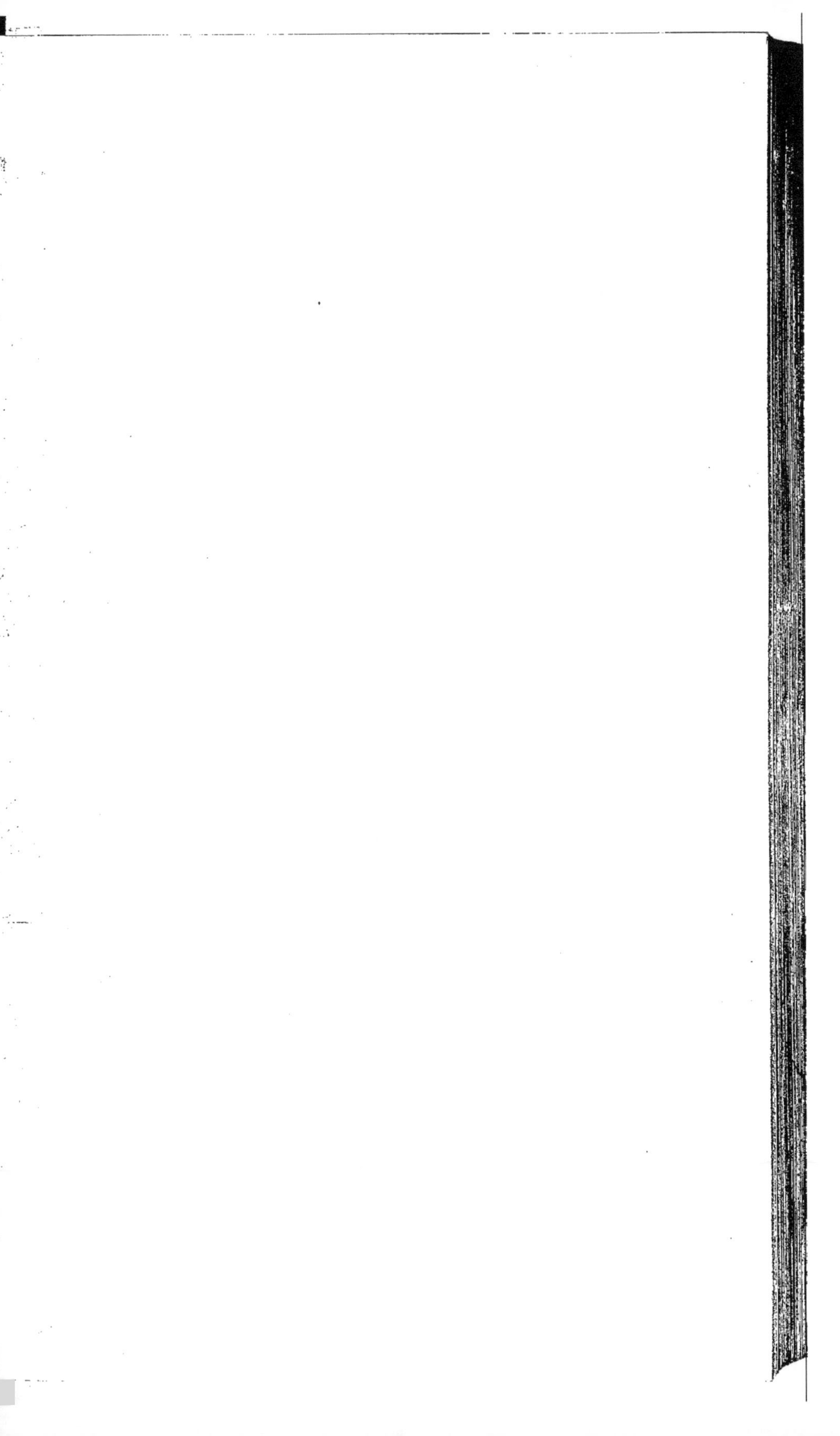

Revue et Mag. de Zoologie, (1870). Pl. 12.

Alb. Marchand. del et Lith. Imp. J. Langlois, à Chartres.

Podiceps Auritus.

(Revue et Mag. de Zoologie, 1870, pl. 12.)

PODICEPS AURITUS, Lath.

GRÈBE OREILLARD, Tem.

EARED-GREBE. — OHREN-TAUCHER. — SVASSO PICCOLO.

Duvet très épais et soyeux; la tête, le cou et la poitrine zébrés de nombreuses bandes brunes, indécises, assez fondues avec les bandes grisâtres; gorge et devant du cou blanchâtres; ventre d'un blanc pur; dos noirâtre, uniteinte; espace nu sur le dessus de la tête; lorums dénudés, jaunâtres; les deux mandibules, jaunes au milieu et à leur naissance, sont traversées par deux barres noires; pieds olivâtres : d'après un poussin de cinq ou six jours provenant de la Russie méridionale; chez un autre jeune d'une douzaine de jours le dos présente quelques traces de stries grisâtres.

Le Grèbe Oreillard est plus répandu dans le midi que dans le nord de la France et se retire pour nicher dans les marécages les plus touffus avoisinant les lacs ou les rivières. Sa ponte est de trois ou quatre œufs, quelquefois cinq.

Revue et Mag. de Zoologie, (1870). Pl. 13.

Alb. Marchand. del et Lith. Imp. J. L'anglois, à Chartres.

Podiceps Rubricollis.

(*Revue et Mag. de Zoologie*, 1874, pl. 13.)

PODICEPS RUBRICOLLIS, Lath.

GRÈBE JOUGRIS.

RED-NECKED GREBE. — ROTHHALS-TAUCHER. — SVASSO ROSSO.

Duvet très-épais et soyeux ; la tête, le cou et la gorge zébrés de bandes longitudinales noires se détachant sur un fond d'un blanc vif sur la tête et lavé de roux sur le cou; poitrine d'un brun violacé; ventre d'un blanc pur; dos d'un brun noirâtre sans taches longitudinales; lorums dénudés jaunâtres; bec traversé de deux bandes noires, l'une à la naissance et l'autre près de la pointe, le milieu restant jaune. Notre planche, d'une proportion un peu plus faible que la nature, est dessinée d'après un poussin d'une douzaine de jours provenant des bords du Volga.

Le Grèbe Jougris niche comme ses congénères et sa ponte est de trois ou quatre œufs.

Les différences sont assez sensibles entre nos cinq espèces de grèbes actuellement figurées pour que nous pensions ne pas avoir commis d'erreur dans nos attributions. Nous essaierons de faire ressortir ces différences en les résumant ainsi.

GRÈBE HUPPÉ. — Gorge, devant du cou et poitrine blancs; tête et cou zébrés de bandes nettement tranchées; bandes roussâtres sur le dos.

GRÈBE JOUGRIS. — Poitrine d'un roux violacé ; tête et cou zébrés de bandes nettement tranchées, mais dos noir sans bandes longitudinales.

GRÈBE CORNU. — Tête et cou sillonnés de bandes d'un noir grisâtre se détachant sur un fond blanc ; taches descendant sur le devant du cou ; haut de la poitrine grisâtre ; bandes longitudinales grisâtres sur le dos.

Grèbe Oreillard. — Tête et dos d'un noir cendré, sillonné de nombreuses bandes grises assez indécises.

Grèbe Castagneux. — Lors de l'éclosion la petitesse de la taille suffit pour le désigner; il a alors la tête et le dessus du corps d'un noir brillant avec quelques bandes d'un roux vif sur la tête et le cou; en grossissant, le dos, toute la tête, le cou et le haut de la poitrine se trouvent couverts d'un duvet roux assez uniforme sillonné de bandes d'un roux plus clair.

Revue et Mag. de Zoologie, (1871) Pl. 10.

Alb. Marchand del et Lith. ½ Imp. J. Langlois, à Chartres.

Sterna Caspia.

(*Revue et Mag. de Zoologie*, 1871-72, pl. 10.

STERNA CASPIA, Pall.

HIRONDELLE DE MER TSCHEGRAVA.

CASPIAN TERN. — RAUB-SEESCHWALBE. — RONDINE DI MARE MAGGIORE.

Duvet laineux, grossier et peu fourni ; d'un gris cendré pâle, lavé de taches noirâtres, plus nombreuses sur la tête et le dos que sur les parties inférieures ; ventre et cuisses blanchâtres ; une bande noire indécise traversant l'œil ; la peau est jaunâtre sur le devant du cou et incomplètement recouverte par un duvet violacé ; bec jaune, noir vers la pointe des deux mandibules; extrême pointe du bec blanchâtre et portant le bouton; pieds d'un jaune rougeâtre. Nous avons examiné plusieurs exemplaires d'inégale grosseur provenant du golfe Saint-Laurent; ils étaient tous remarquables par la proportion très-forte de leur cou; nous avons dessiné le plus petit en le réduisant de moitié.

Ces sternes nichent par centaines au milieu des dunes qui avoisinent la mer ; le nid est un simple creux que l'oiseau gratte avec ses pieds dans le sable des plages maritimes ; la ponte est de deux ou trois œufs. D'après Morris, l'incubation dure une vingtaine de jours ; les jeunes courent autour du nid bientôt après leur éclosion et sont nourris de petits poissons par leurs parents.

Revue et Mag. de Zoologie, (1871) Pl. 20.

Alb. Marchand, del et Lith. 2/3 Imp. J. Langlois, à Chartres.

Haliætus Albicilla.

(Revue et Mag. de Zoologie, 1871-72, pl. 20.)

HALIÆTUS ALBICILLA, Leach.

AIGLE PYGARGUE.

WHITE-TAILED EAGLE. — SEE-ADLER. — AQUILA DI MARE.

Duvet long et soyeux, d'un gris cendré uniteinte, un peu plus foncé sur la poitrine et le dos ; soies très-longues sur le sommet de la tête ; tour des yeux brun cendré ; cires et pieds paraissant jaunes, sur la dépouille desséchée que nous avons dessinée. La proportion très-forte du bec et des ongles, l'extrême longueur des ailes relativement à la taille du poussin, enfin, les tarses dénudés nous paraissent confirmer l'attribution de l'exemplaire que nous avons réduit aux deux tiers de la nature.

Les Pygargues nichent sur de grands arbres, beaucoup plus fréquemment sur les rochers des falaises dominant la mer. L'aire atteint cinq à six pieds de diamètre sur deux ou trois d'épaisseur et se compose d'un monceau de bois, de plantes et de plumes ; les mêmes oiseaux l'utilisent plusieurs années de suite en le rechargeant chaque fois. La ponte est de deux œufs ; les jeunes éclosent vers le commencement de juin et se battent constamment pour s'arracher la pâture apportée par leurs parents ; ils quittent le nid avant de pouvoir bien voler, mais ils y reviennent pendant longtemps passer la nuit et ne sont complètement emplumés que vers le milieu du mois d'août.

Revue et Mag. de Zoologie, (1873) Pl. 11.

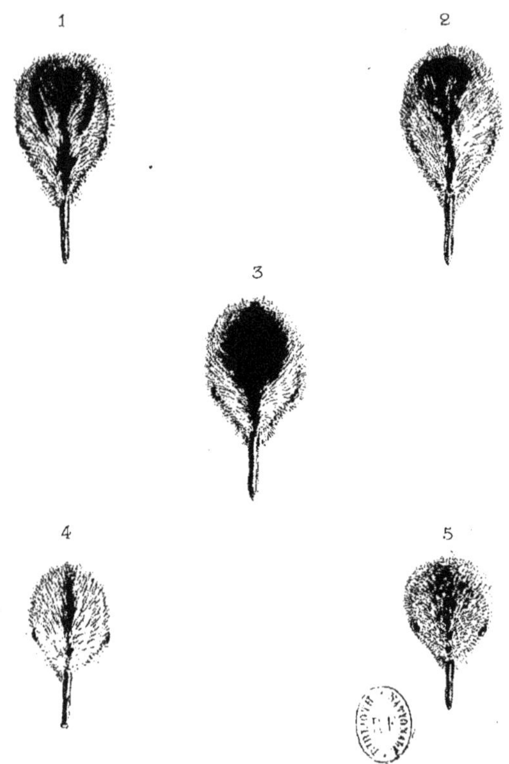

1 — Totanus Ochropus.
2 — " Calidris.
3 — " Glareola.
4 — " Macularius.
5 — " Hypoleucos.

Alb. Marchand, del et lith. Imp. J. Langlois, à Chartres.

(Revue et Mag. de Zoologie, 1873, pl. 11.)

TOTANINÆ.

TOTANIENS.

(Première planche.)

Nous avons réuni sur cette planche les têtes de cinq espèces de Chevaliers, chez lesquels la disposition des taches occipitales nous a paru suffisamment caractéristique pour servir à les distinguer. Nous pensons nos attributions exactes, et nous avons déjà publié les figures de ces espèces.

Fig. 1. — **Totanus ochropus**, Tem.; CHEVALIER CUL-BLANC (*R. Z.*, 1869, pl. VI. — Pouss., pl. LXXXII). Duvet de la tête d'un gris cendré, légèrement violacé et roussâtre sur l'occiput; une bande noire médiane, non interrompue, de la naissance du bec à la nuque, et assez large sur le front; deux bandes sourcilières s'isolant de la ligne médiane au niveau des yeux et s'arrondissant vers la nuque, sans former de calotte.

Fig. 2. — **Totanus calidris**, Tem.; CHEVALIER GAMBETTE (*R. Z.*, 1867, pl. IX. — Pouss., pl. LIV). Duvet d'un cendré jaunâtre clair; une mince bande brune médiane nettement indiquée vers le bec, et se confondant sur l'occiput avec des taches brunes entre lesquelles le duvet est plus fauve, ce qui constitue une calotte roussâtre un peu indécise.

Fig. 3. — **Totanus glareola**, Tem.; CHEVALIER SYLVAIN (*R. Z.*, 1867, pl. VIII. — Pouss., pl. LIII). Duvet de la tête d'un gris cendré très-clair; une bande étroite partant de la naissance du bec et s'élargissant au niveau des yeux en une calotte occipitale noire.

Fig. 4. — **Totanus macularius**, Vieill.; CHEVALIER PERLÉ (*R. Z.*, 1870, pl. V. — Pouss., pl. XCIV). Dessus de la tête d'un gris blanchâtre, légèrement ponctué de petits points bruns; le duvet est d'un gris un peu plus foncé derrière la tête que vers le bec et les yeux; une bande médiane noire non interrompue du bec à la nuque.

Fig. 5. — **Totanus hypoleucos**, Tem.; CHEVALIER GUIGNETTE (*R. Z.*, 1866, pl. VI. — Pouss., pl. XL). Dessus de la tête d'un gris roussâtre, tout maculé de points bruns; ligne médiane très-indécise sur un exemplaire sortant de l'œuf et un peu plus sensible chez un autre poussin de sept à huit jours. Le dessus de la tête est plus foncé sur le poussin du *Tot. Hypoleucos* que sur celui du *Tot. Macularius*, cependant les têtes de ces deux jeunes Actitis présentent entre elles les mêmes rapports que l'ensemble de leur livrée (Voir *Uccelli in Lomb.*, tav. 89).

Revue et Mag. de Zoologie, (1873). Pl. 12

Alb. Marchand, del et Lith. ½ Imp. J. L'anglois, à Chartres.

Larus Marinus.

(Revue et Mag. de Zoologie, 1873, pl. 7.)

LARUS MARNUS, Linn.

GOËLAND A MANTEAU NOIR.

GREAT BLACK-BACKED GULL. — MANTEL-MEVE. — MUGNAJACCIO.

Duvet très-long, très-léger, laineux; d'un cendré jaunâtre très-clair, semé de taches brunes un peu indécises sur le dos, plus tranchées sur la tête et les côtés du cou; le duvet de la poitrine est noir à la base, mais voilé de jaunâtre; le ventre est d'un blanc sale peu tacheté de brun; bec très-fort, droit sur le dessus et subitement déprimé vers la pointe, portant le bouton; pieds très-grands, d'un brun livide assez foncé chez l'oiseau en collection. Le jeune que nous avons choisi pour notre planche est réduit de moitié et peut avoir vécu deux ou trois jours. La disposition des taches ne nous semble pas caractérisée d'une façon constante entre les poussins des *L. Marinus, Fuscus* et *Argentatus;* c'est donc par la forte dimension du bec et des pieds, et par le ventre plus blanc que nous croyons distinguer le poussin du *L. Marinus* de celui du *L. Fuscus,* avec lequel nous lui trouvons le plus d'analogie. Nous ferons aussi remarquer que le poussin du Goëland marin diffère beaucoup, au moins par la taille, de celui du Goëland à pieds bleus.

Bien que les poussins des Goëlands se ressemblent beaucoup, nous ne pensons pas avoir commis d'erreurs en classant les nombreux exemplaires de notre collection; mais nous ne nous faisons pas d'illusions sur la difficulté de faire ressortir les faibles différences qui séparent les espèces les unes des autres, et nous croyons qu'il est à peu près impossible de les déterminer si on ne les a toutes à la fois sous les yeux pour les comparer.

Le Goëland à manteau noir fait un nid aplati, composé d'herbes et placé sur des rochers ou au milieu de marais salés; la ponte est le plus souvent de trois œufs; les captures dont nous possédons les dates ont eu lieu du 21 juin au 12 juillet. Le duvet se couvre très-rapidement de plumes ; on assure que les poussins quittent le nid pour gagner des eaux tranquilles avant de pouvoir voler et qu'ils prennent leur essor un mois après leur éclosion ; toujours est-il qu'ils sont nourris par le père et la mère jusqu'à ce qu'ils volent parfaitement.

Alb. Marchand, del et Lith. Imp. J. Langlois, à Chartres.

Larus Canus.

(Revue et Mag. de Zoologie, 1873, pl. 13.)

LARUS CANUS, Linn.

MOUETTE A PIEDS BLEUS.

COMMON GULL. — STURM-MEWE. — GAVINA.

Duvet long et laineux, un peu plus soyeux que celui des grandes espèces; d'un cendré jaunâtre très-clair, plus fortement teinté de roussâtre que ses congénères. Les taches bien nettes et nombreuses sur la tête sont aussi plus tranchées sur le dos; la tache noire de la naissance du bec est plus grande que chez aucun des autres poussins; les taches des côtés de la tête sont plus accusées et plus prolongées; le ventre est d'un roux pâle uniteinte; le bec et les pieds sont jaunâtres. Les poussins de notre collection sont très-identiques bien que de provenances variées; ils sont d'une proportion beaucoup plus faible que ceux des *L. Marinus, Fuscus* et *Argentatus,* et ne sauraient d'ailleurs être confondus avec eux s'ils se trouvent placés les uns auprès des autres, parce qu'ils sont roussâtres tandis que les poussins de ces espèces sont d'un ton général gris cendré. L'exemplaire figuré ici nous a été envoyé de l'île de Gothland et a été réduit d'un tiers; il paraît avoir vécu cinq à six jours.

La Mouette à pieds bleus niche par centaines sur le sable, dans les marais ou sur les rochers isolés des mers du nord; son nid est composé de plantes marines et d'herbes, sur lesquelles elle dépose deux ou trois œufs.

Alb. Marchand, del et Lith. Imp. J Langlois, à Chartres.

Anas Querquedula.

ANAS QUERQUEDULA, Linn.

CANARD SARCELLE D'ÉTÉ.

GARGANEY. — KNACH-ENTE. — MARZAJOLA.

Duvet d'un brun olivâtre sur les parties supérieures et d'un gris jaunâtre en dessous; tête nuancée de roux, avec une bande sourcilière blanchâtre, et un trait noir partant de la naissance du bec et traversant l'œil; joues blanchâtres nuancées de roux, avec une tache brune en arrière isolée, du trait noir traversant l'œil; les quatre taches blanchâtres du dos fort petites; bandes blanchâtres sur les ailes. Le poussin de la Sarcelle d'été peut se distinguer de celui de la Sarcelle d'hiver par sa teinte générale plus grise, sa tête plus forte, plus allongée et surtout par son bec beaucoup plus développé. Notre planche est établie d'après plusieurs exemplaires provenant d'Arkangel, chez lesquels on retrouve assez distinctement comme chez le premier plumage les joues blanches et la bande blanchâtre située en arrière des yeux, où elle est indiquée par le trait noir en dessus et la tache brune en dessous.

La Sarcelle d'été se reproduit moins fréquemment en France que la Sarcelline, elle cache son nid dans les marécages, au point le plus épais des grands joncs et des hautes herbes; elle dépose 10 à 14 œufs sur un lit d'herbes sèches et les couve pendant environ vingt et un jours.

Alb. Marchand, del et Lith.

Imp. J. Langlois, à Chartres.

Sterna Cantiaca.

STERNA CANTIACA, Gmel.

HIRONDELLE DE MER CAUGEK.

SANDWICH TERN. — BRAND-SEESCHWALBE. — BECCAPESCI.

Duvet épais, plus laineux sur le dos que sur la tête; d'un gris cendré très-clair, sillonné uniformément sur la tête et les parties supérieures de très nombreuses taches brunes, allongées dans le sens du développement des plumes; la gorge garnie de duvets blancs filiformes, dans les intervalles desquels on aperçoit le duvet noir qui couvre la peau; le devant de la gorge et le ventre d'un blanc pur; bec grisâtre et noir avant la pointe qui est grise et porte le bouton; pieds grisâtres. Les duvets filiformes de la tête font très-bien pressentir les plumes blanches et étroites, qui se détachent en blanc sur la calotte noire du jeune de première année. M. Vian nous a montré un exemplaire bien semblable au nôtre, qui peut avoir vécu cinq à six jours, et qui aurait été capturé dans l'île de Rottum.

La Sterne Caugek niche par centaines sur des îlots herbus ou sablonneux des mers du nord; sa ponte est de deux ou trois œufs. Aussitôt que les jeunes sont emplumés, mais avant d'être capables de voler, ils vont fréquemment jusqu'à l'eau, nageant au milieu des petits rochers où les parents les nourrissent, en attendant qu'ils soient en état de les accompagner dans leurs excursions de pêche. (Yarrell, *Brit., Birds.*)

Alb. Marchand, del et Lith. Imp. J. Langlois, à Chartres

Sterna Anglica.

STERNA ANGLICA, Montagu.

HIRONDELLE DE MER HANSEL.

GULL-BILLED TERN. — LACH-SEESCHWALBE. — RONDINE DI MARE ZAMPE-NERE.

Duvet épais et laineux; parties supérieures de la tête et du corps d'un brun cendré très-clair, semé de taches longitudinales brunes, formant deux bandes sur le dos, et deux petites bandes sur le vertex; un espace blanc à la base de la mandibule inférieure; tache longitudinale descendant en arrière des yeux, conformément au premier plumage; gorge, cou et haut de la poitrine d'un brun noir; parties inférieures d'un blanc jaunâtre; bec comprimé, très-épais et obtus; bec et pieds brun clair en collection.

Ce poussin de la Sterne Hansel, nous a été expédié de Grèce par M. le Dr Krüper, qui l'a capturé en Acarnanie au mois de juillet 1858; il se rapproche plus du poussin de la Sterne Pierre-Garin que de ceux de ses autres congénères, seulement les taches brunes chez l'Hansel s'avancent en taches plus grandes jusqu'au dessus des yeux et surtout le bec est beaucoup plus fort et plus court que chez un poussin de Pierre-Garin de taille identique.

La St. Anglica se reproduit par familles sur les rives des lacs salins, elle se trouve en grand nombre dans les vastes marais ou sur les plages du delta du Danube, sa ponte est de deux ou trois œufs déposés dans une légère cavité garnie de quelques herbes et ses mœurs sont celles de ses congénères.

Revue et Mag. de Zoologie, (1874). Pl. 12.

Alb. Marchand, del et Lith. Imp. J. Langlois, à Chartres

Milvus Niger.

(*Revue et Mag. de Zoologie*, 1874, pl. 12.)

MILVUS NIGER, Briss.

MILAN NOIR.

BLACK KITE. — BRAUNER MILAN. — NIBBIO NERO.

Duvet long et soyeux, d'un gris jaunâtre assez pâle dans son ensemble; d'un brun fauve sur le dos et les ailes; les soies fort longues sur la tête et les ailes ; les yeux entourés d'un cercle brun s'étendant vers les oreilles, en forme de moustaches ; cires et pieds paraissant jaunes d'après les dépouilles de notre collection.

Nous avons dessiné un exemplaire au sortir de l'œuf et nous avons réduit sa proportion aux trois quarts de la nature ; nous possédons un autre poussin qui a pu vivre huit à dix jours, son duvet est beaucoup plus brun que celui du plus jeune, seulement la tête et la nuque sont restées jaunâtres; les deux exemplaires proviennent d'Astrakan.

Le Milan noir niche sur les arbres élevés ; le nid est construit avec des branches et garni de débris de toute espèce; la ponte est de trois ou quatre œufs. Les petits éclosent suivant Bailly le vingt-cinquième jour de l'incubation ; le père et la mère les nourrissent et les élèvent avec beaucoup d'attachement; ils séjournent longtemps dans le nid.

Revue et Mag. de Zoologie, (1874). Pl. 13.

Alb. Marchand, del. et Lith. ½ Imp. J. Mangiois, à Chartres.

Larus Ichthyaetus.

(*Revue et Mag. de Zoologie*, 1874, pl. 13.)

LARUS ICHTHYAETUS, Pallas.

MOUETTE ICHTHYAËTE.

GREAT BLACK-HEADED GULL. — FISCHMÖVE (d'après Bree). — GABBIANO DEL PALLAS *.

Duvet léger, très-épais, surmonté de soies très-fines et brillantes; le duvet est ras sur les lorums et les soies sont plus courtes sur la tête que sur le corps; d'un gris cendré très-pâle, nuancé sur le dos et le devant de la poitrine de taches brunes à peine visibles; tête et ventre presque blancs; un cercle blanc autour des yeux; bec fort, arqué, noir à la base, blanc à l'extrémité et portant le bouton; pieds bruns paraissant avoir conservé des traces d'une teinte rougeâtre, pouce développé; dessiné d'après un poussin de six ou huit jours que nous avons réduit de moitié et qui nous provient des steppes du Bas-Walga, où il aurait été capturé par un naturaliste connaissant parfaitement les Ichthyaëtes.

Selon Pallas, cette Mouette niche au milieu des dunes des bords de la mer, et sa ponte est de deux ou trois œufs (Pallas, *Zoog. Ross. Asiat.*)

Nous trouvons dans Bree qu'un jeune capturé sur le lac de Genève avait le bec noirâtre et les pieds couleur de chair. (*Birds not Obser. in Brit.*)

* Savi, *Orn. Ital.*

Revue et Mag. de Zoologie, (1874). Pl. 16.

Alb. Marchand. del. et Lith. 1/3 Imp. J. Langlois, à Chartres

Aquila Fulva.

(*Revue et Mag. de Zoologie*, 1874, pl. 16.)

AQUILA FULVA, Savigny.

AIGLE ROYAL.

GOLDEN EAGLE. — GOLD-ADLER. — AQUILA REALE.

Duvet épais, cotonneux, d'un blanc uniforme faiblement grisâtre; quelques plumes d'un brun noir commencent à percer le duvet. Les cires et les pieds étaient encore sensiblement jaunes, lorsque nous avons reçu ce jeune oiseau ; on nous a assuré qu'il avait été déniché en juin, dans le département des Basses-Alpes ; il peut avoir vécu quinze jours ou trois semaines et nous avons diminué sa proportion des deux tiers.

L'Aigle Royal place son aire sur de hautes montagnes, au sommet tronqué d'un sapin ou dans une anfractuosité de rochers inaccessibles ; cette aire est formée de bâtons qui ont jusqu'à deux mètres de longueur et présente un plancher recouvert d'herbes sèches ; un même nid est utilisé plusieurs années de suite et prend alors chaque fois un plus grand développement ; la femelle dépose ses œufs à terre lorsqu'elle y est contrainte par la nécessité. La ponte est habituellement de deux œufs, rarement de trois ; l'incubation serait de trente jours. Les petits sont nourris dans l'aire pendant fort longtemps et les parents leur apportent plus de nourriture qu'ils ne peuvent en absorber. Tous les auteurs qui ont visité des nids d'aigles ont été témoins du courage avec lequel ces oiseaux en défendent l'accès.

Alb. Marchand del. et Lith.

Imp. J. Langlois à Chartres

Sterna Leucopareia.

STERNA LEUCOPAREIA, Tem.

HIRONDELLE DE MER MOUSTAC.

WHISKERED TERN. — WEISSBARTIGE-WASSERSCHWALBE. — RONDINE DI MARE PIOMBATA.

Duvet long et soyeux ; dessus de la tête, parties supérieures et flancs des cuisses d'un fauve assez vif, semé de taches noires, plus nombreuses sur la tête que sur le dos et les ailes, où elles sont plus allongées ; front, joues et collier d'un brun fauve ; région au-dessous de l'œil d'un gris brunâtre ; gorge d'un blanc pur, séparée par un collier noir de la poitrine, qui est blanche ; bec court, large et très-épais, portant le bouton, d'un brun rougeâtre ; tarses épais, palmures des pieds très-échancrées ; pouce long ; pieds couleur de chair.

Nous avions dessiné ce charmant petit oiseau d'après un poussin de deux ou trois jours qui nous provenait d'Astrakan, et nous avions été heureux d'avoir pu le comparer avec un exemplaire semblable possédé par M. Vian, lorsque M. le Dr de Montessus a publié dans le journal l'*Acclimatation* (nº du 5 janvier 1875), un article sur la reproduction de l'Hirondelle de Mer *Moustac,* dans le département de Saône-et-Loire. Cette notice fournit les renseignements que nous donnons sur les nids flottants de cet oiseau et une description de son poussin qui ne nous paraît pas différer essentiellement de la nôtre. M. de Montessus a eu de plus l'obligeance de nous adresser personnellement quelques indications, dont nous avons profité pour colorier notre petite tête.

Les Moustacs nichent par troupes au milieu des marais ; les nids sont composés de détritus de roseaux amoncelés en forme de cône e ayant une large base sous l'eau de façon à assurer leur équilibre contre les oscillations de l'eau agitée par le vent ; ils sont libres à la surface des étangs sans points d'attaches et contiennent trois ou quatre œufs ; l'incubation durerait quinze ou seize jours.

M. de Montessus suppose que les jeunes aiment à faire de légères excursions en nageant autour du nid dont la forme conique facilite leur ascension ; son voisin et ami, M. Rossignol, lors de sa visite à l'étang de Charette (Saône-et-Loire), en mai 1874, a vu des poussins n'ayant pas plus de vingt-quatre heures se jeter résolument à l'eau à son approche mais sans plonger.

Voir notre planche comparative des têtes de Sterniens. Pouss., pl. CXXI, fig. 1. — *Rev. Zool.*, 1874, pl. X, fig. 1.

Alb. Marchand. del. et Lith. Imp. J. Langlois, à Chartres.

Sterna Nigra.

STERNA NIGRA, Linn.

HIRONDELLE DE MER ÉPOUVANTAIL.

BLACK TERN. — SCHWARZE-WASSERSCHWALBE. — MIGNATTINO.

Duvet un peu long et soyeux ; tête et manteau d'un fauve roussâtre semé de taches brunes, plus petites sur l'occiput que sur le dos ; une tache plus allongée descendant sur le dessus du cou ; taches larges et disposées en bandes sur le dos ; front et devant du cou uniteintes et lavés de lie de vin ; les yeux sont entourés d'un cercle gris-cendré, qui caractérise très-bien cette espèce ; poitrine et ventre d'un blanc roussâtre ; bec long et grêle ; palmures des pieds échancrées, mais un peu moins que chez la Moustac ; le bec et les pieds sont évidemment à l'état vivant de couleur claire, probablement rougeâtres.

Nos exemplaires nous proviennent de la Russie septentrionale et du Bas-Wolga ; leur masque gris les désigne très-nettement, ainsi que tous ceux que nous avons vus dans d'autres collections.

L'Épouvantail niche en grandes bandes dans les marais submergés et construit un nid grossier sur une petite éminence au milieu de l'eau, ou parfois, assure-t-on, sur des feuilles flottantes de nénuphar ; sa ponte est de trois œufs, rarement de quatre.

(Voir notre planche comparative des têtes de Sterniens, Pouss., pl. CXXI, fig. 5. — *Rev. Zool.*, 1874, pl. X, fig. 5.)

Alb. Marchand del. et Lith.

Imp. J. Langlois, à Chartres.

Larus Fuscus.

LARUS FUSCUS, Linn.

GOËLAND A PIEDS JAUNES.

Lesser Black-Backed Gull. — Härings-Meve. — Zafferano Mezzo-moro.

Duvet très-long, très-léger, laineux, d'un gris blanchâtre plus cendré et plus foncé que celui des *L. Marinus* et *L. Argentatus;* les taches brunes sont plus fortes et semblent par conséquent plus rapprochées que chez le poussin du *L. Marinus,* dont il diffère sensiblement par le ventre presque aussi tacheté que le dos; le bec est fort, court, portant encore le bouton, brun à la naissance, jaune de corne à la pointe chez les sujets desséchés; les pieds beaucoup plus foncés que ceux du *L. Argentatus* et le bec plus fort mais moins long que celui du *L. Marinus.* Nous avons cherché à établir ces différences d'après trois poussins de quatre ou cinq jours bien semblables entre eux et de provenances différentes; nous possédons en outre un jeune d'une quinzaine de jours couvert des premières plumes visibles au milieu du duvet encore persistant.

Le Goëland à pieds jaunes niche en société dans les sables ou sur les saillies des rochers, principalement sur le littoral des mers du nord; son nid est un amas d'herbes et de plantes marines sur lesquelles il dépose deux ou trois œufs. M. Selby a observé que le duvet gris-brun qui couvre les poussins lors de leur naissance, se trouve rapidement caché par les plumes régulières et que ceux-ci sont capables de prendre leur vol au bout d'un mois ou cinq semaines.

Alb. Marchand, del et Lith. Imp J Langlois, à Chartres.

Numenius Phæopus.

NUMENIUS PHÆOPUS, Lath.

COURLIS CORLIEU.

WHIMBREL. — REGEN-BRACHVOGEL. — CHIURLO PICCOLO.

Duvet abondant, laineux, se terminant en poils fins ; d'un gris cendré blanchâtre; dos légèrement lavé de roussâtre; une calotte occipitale brune se terminant carrément sur une ligne placée en arrière des yeux, et s'allongeant en triangle sur la nuque ; un trait brun reliant la tache occipitale à la naissance du bec ; un point sur les lorums ; une tache en arrière des oreilles ; parties supérieures du corps semé de taches longitudinales couvrant une surface brune égale à la surface blanchâtre ; sourcils blancs ; côtés du cou, gorge et poitrine d'un cendré blanchâtre se dégradant jusqu'au blanc presque pur sous le ventre ; bec et pieds beaucoup plus grêles que ceux du grand Courlis ; naissance de la mandibule inférieure jaunâtre en collection, tandis que le reste du bec est brun.

Le poussin de notre collection diffère sensiblement du jeune *N. Arquata* par sa teinte grisâtre, tandis que celui-ci est entièrement lavé de roussâtre.

Le Corlieu niche dans les marais du nord ; sa ponte est de trois ou quatre œufs, déposés sur une couche de feuilles sèches au fond d'une légère dépression qui forme un nid à peine visible ; les jeunes courent avec agilité presque aussitôt après leur éclosion et apprennent rapidement à fuir et à se cacher à l'approche du danger.

Alb. Marchand. del et Lith. 2/3 Imp. J. Langlois, à Chartres.

Aquila Imperialis.

AQUILA IMPERIALIS, Tem.

AIGLE IMPÉRIAL.

IMPERIAL EAGLE, Bree. — KÖNIGS-ADLER — AQUILA IMPERIALE.

Duvet d'un blanc pur couvrant tout l'oiseau d'un habit épais; longues soies blanches sur la tête; cires et tour des yeux jaunes; bec brun en collection, bouton apparent; tarses vêtus, doigts jaunes et ongles blanchâtres. Notre poussin, qui nous a été envoyé de Smyrne par le Dr Krüper, n'a dû vivre que quelques jours et le grand développement de ses ailes indique le jeune d'un oiseau destiné à atteindre une grande taille. Cette figure de l'*Aquila Imperialis* diffère de celle que nous donnons de l'*Aquila Clanga* en ce qu'on remarquera chez ce dernier un cercle brun au-dessus des yeux, caractère signalé chez l'Aigle Ravisseur par MM. Vian et Alléon (*R. Z.*, 1873, p. 237).

L'Aigle Impérial niche suivant les localités dans les rochers, sur les arbres ou à terre au milieu des steppes, paraissant préférer avant tout les lieux où il trouvera pour ses petits une nourriture abondante. D'après M. Lacroix ces oiseaux nichent régulièrement dans les forêts de sapins des Hautes-Pyrénées, et d'après le Dr Companyo ils sont devenus très-rares dans les Pyrénées-Orientales, bien qu'ils s'y rencontrent encore; ils font rarement plus de deux petits et s'ils dépassent ce nombre les autres sont sacrifiés (*Hist. nat. des Pyr.-Orient.*).

Alb. Marchand del et Lith. Imp. J. Langlois, à Chartres.

Sterna Arctica.

STERNA ARCTICA, Tem.

HIRONDELLE DE MER ARCTIQUE.

ARCTIC TERN. — KÜSTEN-SEESCHWALBE. — RONDINE DI MARE CODALUNGA.

Duvet long et soyeux; les parties supérieures de la tête et du dos d'un fauve clair semé de nombreuses taches brunes, petites et allongées; gorge brune; poitrine et ventre d'un blanc pur; bec très-grêle, plus foncé à la pointe qu'à la naissance; pieds complètement palmés. Le bec est plus grêle que celui des jeunes Pierre-Garins et les tarses sont plus courts.

Ce poussin a été déniché par le docteur Krüper, dans l'île de Gottland, le 7 juillet 1857; un autre exemplaire nous provient du Groënland.

Cette Hirondelle de Mer se reproduit par nombreuses colonies dans les dunes sablonneuses ou sur les rochers bas des plages découvertes des mers septentrionales; les nids sont souvent très-rapprochés les uns des autres et contiennent trois ou quatre œufs.

(Voir notre planche comparative des têtes de Sterniens, Pouss., pl. CXXI, fig. 2. — *Revue Zool.,* 1874, pl. X, fig. 2.)

Alb. Marchand. del. et Lith.

Imp. J. Langlois, à Chartres.

Sterna Hirundo.

STERNA HIRUNDO, Linn.

HIRONDELLE DE MER PIERRE-GARIN.

COMMOM TERN. — FLUSS-WASSERSCHWALBE. — RONDINE DI MARE.

Duvet plutôt court, soyeux, un peu cotonneux sur le dos; dessus de la tête, manteau et flanc des cuisses, d'un fauve clair semé de taches brunes, assez rares sur l'occiput, nombreuses et plus larges sur le dos et les ailes; front d'un fauve uniteinte; gorge brune, un peu de duvet blanc sous la mandibule inférieure; poitrine et ventre d'un blanc pur; bec assez épais, noir à la pointe, probablement rougeâtre à la base; pieds très-palmés, de couleur claire. Nous avons teinté les pieds de rouge d'après M. Dressler (*Uccelli in Lomb.*, tav. 84) dont l'excellente planche est empreinte d'un cachet de vérité, qui indiquerait qu'elle a été dessinée d'après des sujets vivants.

M. le baron d'Hamonville nous a offert trois jeunes Pierre-Garins qu'il a capturés dans l'île Dumet (Morbihan), le 27 juin 1876; tous trois sont d'une fraîcheur irréprochable, l'un peut avoir vécu deux ou trois jours, l'autre une huitaine de jours et le troisième déjà emplumé n'a plus que de longs filets de duvet sur la nuque et le dos. Le musée d'Orléans possède deux poussins semblables aux nôtres, capturés sur un étang de Sologne par M. de Buzonnière.

Cette Hirondelle de Mer niche sur le sable nu des dunes maritimes, et aussi sur les grèves des rivières ou dans les parties marécageuses des étangs; sa ponte est de deux ou trois œufs; l'incubation dure de seize à dix-sept jours. Les petits quittent bientôt le nid, croissent rapidement, commencent à voleter après une quinzaine de jours et prennent leur vol au bout de trois semaines (Brehm, *Vie des Animaux*). Le père et la mère sont, d'après Yarrell, très-attachés à leurs œufs et à leurs jeunes et font des signes de détresse quand on approche de leurs nids.

(Voir notre planche comparative des têtes de Sterniens, Pouss., pl. CXXI, fig. 4. — *Rev. Zool.*, 1874, pl. X, fig. 4.)

1

2

3

4

5

1 — Sterna Leucopareia.
2 — " Arctica.
3 — " Minuta.
4 — " Hirundo.
5 — " Nigra.

Alb. Marchand. del. et Lith. Imp. J. Langlois, à Chartres

(*Revue et Mag. de Zoologie*, 1874, pl. 10.)

STERNINÆ.

STERNIENS.

(Première planche.)

Les poussins des hirondelles de mer sont assez caractérisés entre eux pour qu'il nous paraisse intéressant de donner les têtes vues de profil, et nous avons groupé cinq espèces sur cette première planche que nous ferons suivre d'une seconde. Cette disposition nous a permis d'envoyer aux abonnés de la *Revue Zoologique* un plus grand nombre d'espèces sur une seule planche, et les figures complètes de ces oiseaux se trouvent dans notre présent recueil.

Fig. 1. — **Sterna Leucopareia**, Tem.; Hirondelle-de-mer Moustac (Pouss., pl. cxiv). Duvet long et soyeux; dessus de la tête d'un fauve assez vif, semé de nombreuses taches noires; front, joues et collier d'un brun fauve; région au-dessous de l'œil d'un gris brunâtre; gorge d'un blanc pur, séparée par un collier noir de la poitrine, qui est blanche; bec court et très-épais, portant le bouton, d'un brun rougeâtre.

Fig. 2. — **Sterna Arctica**, Tem.; Hirondelle-de-mer Arctique (Pouss., pl. cxix). Duvet long et soyeux; tête d'un fauve clair semé de nombreuses taches brunes, petites et allongées; gorge brune; poitrine blanche; bec très-grêle, plus foncé à la pointe qu'à la naissance. Le bec est plus grêle que celui des jeunes Pierre-Garins et le dessus de la tête est maculé de taches plus fixes et plus nombreuses.

Fig. 3. — **Sterna Minuta**, Lin.; — Petite Hirondelle-de-mer *Revue et Mag. de Zoologie*, 1869, pl. ii (Pouss., pl. lxxx). Duvet épais et laineux; dessus de la tête d'un jaune isabelle très-clair, semé de petites taches noires; gorge et poitrine d'un blanc pur; bec jaune, noir à l'extrémité des mandibules. La teinte jaune nankin de ce poussin le rend fort dissemblable de ceux de ses congénères.

Fig. 4. — **Sterna Hirundo**, Lin.; HIRONDELLE-DE-MER PIERRE-GARIN (Pouss., pl. CXV). Duvet du dessus de la tête, soyeux, un peu court, d'un fauve clair, semé de taches brunes; ces taches sont plus rares sur l'occiput que sur le dos; front d'un fauve uniteinte; gorge brune, un peu de duvet blanc sous la mandibule inférieure; poitrine d'un blanc pur; bec assez épais, noir à la pointe, probablement rougeâtre à la base.

Fig. 5. — **Sterna Nigra**, Lin.; HIRONDELLE-DE-MER EPOUVANTAIL (Pouss., pl. CXX). Duvet un peu long et soyeux, d'un fauve roussâtre sur les parties supérieures; occiput semé de petites taches brunes; une tache plus allongée descendant sur le dessus du cou; front et devant du cou uniteintes et lavés de lie de vin; les yeux sont entourés d'un cercle gris cendré qui caractérise très-bien cette espèce; poitrine d'un blanc roussâtre; bec long et grêle, probablement rougeâtre.

Revue et Mag. de Zoologie, (1875). Pl. 3.

Alb. Marchand. del. et lith. 1/3 Imp. J. L'anglois, à Chartres

Pelecanus Onocrotalus.

(*Revue et Mag. de Zoologie*, 1875, pl. 3.)

PELECANUS ONOCROTALUS, Linn.

PÉLICAN BLANC.

WHITE PELICAN. — GEMEINER PELIKAN. — PELLICANO.

Duvet ras et laineux; sur les parties où le duvet n'est pas épais, il est disposé par rangées circulaires parallèles, entre lesquelles on aperçoit la peau; cette légère toison est très-courte sur la tête, plus épaisse sur le dos et d'un blanc grisâtre uniforme; nous avons colorié le bec, la poche et les pieds, par analogie avec ceux des jeunes pélicans revêtus du plumage de première année. Notre exemplaire est réduit au tiers de sa taille véritable; il n'a dû vivre que quelques jours bien qu'il nous ait été envoyé comme appartenant à la race du *Pelecanus minor*.

Les jeunes pélicans sont presque complètement nus lors de leur éclosion et ils sont nourris longtemps dans le nid par leurs parents; ces poussins ont, d'après Brehm, un air stupide, des formes désagréables, et ils font entendre continuellement des cris rauques.

Ces oiseaux choisissent pour la reproduction des marais dont l'accès soit des plus difficiles pour les hommes et dans lesquels les embarcations ne puissent pénétrer; les nids d'une même colonie se touchent littéralement et forment des monceaux de plantes aquatiques; la ponte est de deux ou trois œufs relativement petits. Les parents apportent à leurs poussins des quantités de poissons dont les débris rendent infects les abords des nids; et c'est sans doute à cette habitude, qu'ont ces oiseaux de déverser le produit de leurs pêches sur le bord des nids, qu'est dû le vieil emblème du Pélican se perçant les entrailles pour nourrir sa jeune famille.

Revue et Mag. de Zoologie, (1874) Pl. 11.

Alb. Marchand, del. et Lith. Imp. J. Langlois, à Chartres.

Hemipodius Tachydromus.

(Revue et Mag. de Zoologie, 1874, pl. 11.)

HEMIPODIUS TACHYDROMUS, Tem.

TURNIX TACHYDROME.

ANDALUSIAN HEMIPODE. — ANDALUSISCHES LAUFHUHN. — QUAGLIA TRIDATTILA DI ANDALUSSIA.

Duvet droit et serré, plutôt court; d'un gris jaunâtre à peu près uniteinte, semé de petites taches brunes dont les intervalles sont tout pointillés de noir; la gorge et le ventre d'un gris jaunâtre sans taches. Le duvet est surmonté sur le dos et les ailes de petites plumes blanches, très-fines; bec et pieds comme chez les adultes. Dessiné d'après un poussin d'une douzaine de jours dont le duvet n'eût pas tardé à se métamorphoser en plumes, de sorte que son aspect est très-voisin du plumage d'un jeune de première année. Nous devons la communication de cet exemplaire à M. le vicomte de Rochebouët auquel nous sommes heureux de témoigner ici notre gratitude pour la complaisance avec laquelle il nous a permis de dessiner plusieurs poussins de la charmante collection qu'il possède à Angers.

Le Turnix est très-répandu en Algérie, il creuse pour son nid une légère dépression dans les herbes ou sous les buissons et la recouvre de quelques feuilles; quelquefois il se contente d'un petit creux dans le sable; sa ponte est de huit à dix œufs et peut atteindre un nombre double. Il est essentiellement de la nature des jeunes de courir dès leur naissance, ce qu'ils ont de commun avec tous les Gallinacés; les poussins des Turnix sont protégés par le père et par la mère, ils cherchent avec agilité les graines et les petits insectes et savent se soustraire à la vue dans les hautes herbes; cet oiseau est très-commun, d'après M. Malherbe, dans les lieux arides de la province d'Oran, où il se tient au pied des palmiers nains.

Revue et Mag. de Zoologie, (1875) Pl. 2

Alb. Marchand. del. et Lith. 1/3 Imp. J. L'anglois, à Chartres.

Phalacrocorax Cristatus.

(Revue et Mag. de Zoologie, 1875, pl. 2.)

PHALACROCORAX CRISTATUS, Bonap.

CORMORAN LARGUP.

SHAG, OR GREEN CORMORANT. — KRÄHEN-SCHARBE. — MARANGONE LARGUP.

Ce jeune Cormoran Largup est entièrement couvert d'un duvet épais et très-léger d'un brun noirâtre, prenant s'il est éclairé par le soleil une teinte d'un fauve violacé ; le tour des yeux, le front et le devant du cou sont seuls dénudés et la peau apparaît d'un noir livide bleuâtre ; le bec et les pieds sont noirâtres. Ce jeune oiseau aurait été capturé aux îles Orcades, il doit avoir vécu une quinzaine de jours et nous avons réduit sa proportion des deux tiers.

Ces Cormorans nichent par familles ; les nids sont placés dans les anfractuosités de rochers peu élevés au-dessus du niveau de la mer ; ils sont composés de plantes marines matelassées de graminées sèches ; la ponte est de trois à cinq œufs. Le mâle et la femelle partagent les soins de l'incubation ; les jeunes naissent aveugles, entièrement nus et leur peau est d'un noir bleuâtre, puis ils se couvrent au bout de quelques jours d'un duvet épais ; suivant Brehm, les parents nourrissent en commun leurs petits qui grandissent très-vite, en raison de l'abondante pâture qu'ils reçoivent. M. Selby dit que l'épais duvet qui les couvre au bout de peu de jours, leur permet d'aller à l'eau bien qu'ils soient incapables de voler avant trois ou quatre semaines. C'est un poussin revêtu de ce chaud vêtement, précédant la naissance des premières plumes, que nous avons choisi pour notre planche ; bien que cet état ne soit pas celui de la sortie de l'œuf, nous avons considéré qu'il était essentiel pour l'ensemble de notre série d'y introduire un spécimen du genre important des Cormorans, précisément à cause du caractère spécial qu'il présente, et c'est à ce même titre que nous donnons un jeune Pélican dans la planche suivante. Ces planches prouveront que si ces palmipèdes totipalmes naissent dénudés, ils ne s'en couvrent pas moins très-rapidement d'un véritable duvet qui a permis au Professeur Sundewalle de les classer au nombre de ses *Ptilopædes*.

Revue et Mag. de Zoologie, (1875) Pl. 4.

Alb. Marchand del. et Lith. Imp. J. Langlois, à Chartres.

Stercorarius Longicaudus.

(Revue et Mag. de Zoologie, 1875, pl. 4.)

STERCORARIUS LONGICAUDUS, Briss.

LABBE LONGICAUDE, Gerbe et Degland.

Buffon's Skua. — Kleine Raubmeve. — Labbo Coda-Lunga, Salvad.

Duvet laineux très-épais et fort long sur toute la tête; entièrement brun, plus foncé sur le dos et les côtés de la poitrine, faiblement blanchâtre sous le ventre; yeux cerclés de grisâtre; bec olivâtre à l'extrémité, noir à la base; pieds jaunâtres. Nous avons dessiné ce poussin à Angers dans la collection de M. le vicomte François de Rochebouët qui a eu l'obligeance de nous le donner en communication; cet exemplaire qui n'a dû vivre que quelques jours, nous paraît réunir plus particulièrement les caractères du *Stercoraire Longicaude* par comparaison avec d'autres poussins que nous attribuons au *St. Parasite* ou *Richarson;* cependant les plumages des jeunes de ces deux espèces ont été souvent confondus et nous ne présentons notre opinion que sous toutes réserves. Le nid est placé sur une légère éminence au milieu des marais, composé d'herbes sèches ou simplement formé par une légère excavation où la terre est très-polie. La ponte est de deux ou trois œufs. Le mâle et la femelle couvent alternativement et les petits éclosent vers la fin de juillet; on assure qu'ils ne quittent pas le nid pendant les premiers jours, mais que bientôt ils l'abandonnent pour courir avec agilité et se cacher dans l'herbe.

Alb. Marchand, del. et Lith. 2/3 Imp. J. Langlois, à Chartres.

Anthropoides Virgo.

ANTHROPOIDES VIRGO, Vieill.

GRUE DEMOISELLE.

NUMIDIAN CRANE. — JUNGLER-KRANICH. — DAMIGELLA DI NUMIDIA.

Duvet épais, court, laineux et noir à la base et terminé par de petites soies très-fines; dessus de la tête roussâtre; d'un cendré brunâtre au-dessous des yeux, sur le devant du cou et sur le dos, qui est pommelé et nuancé d'un brun fauve, particulièrement sur l'épine dorsale indiquée par une bande foncée accompagnée de deux larges bandes blanchâtres; dessus des ailes un peu fauve; ventre et cuisses d'un blanc brunâtre; bec couleur de corne; bases des mandibules brunes en collection; pieds très-développés, brunâtres. Ce poussin, que nous avons réduit d'un tiers, est très-facile à distinguer, par les bandes de son manteau et sa teinte brune, du poussin de la Grue Cendrée, qui est d'un jaune roussâtre à peu près uniteinte.

La Grue Demoiselle niche à terre dans les steppes désertes de la Russie méridionale; son nid se compose de quelques herbes recouvrant de menues branches et contient deux œufs; on cite des exemples de sa reproduction en domesticité dans les jardins zoologiques d'Anvers et d'Amsterdam.

Alb. Marchand, del. et Lith. 1/2 Imp. J. L'anglois, à Chartres.

Circus Cineraceus.

CIRCUS CINERACEUS, Naum.

BUSARD MONTAGU.

MONTAGU'S HARRIER. — WIESENWEIHE. — ALBANELLA PICCOLA.

(Deuxième planche.)

Nous avons déjà figuré un poussin du Busard Montagu sous le n° 92 (*Revue Zool.,* 1870, pl. III), mais nous réunissons sur la présente planche trois jeunes sujets capturés par M. Jules Ray et dont l'un appartient à la *variété noire* de cette espèce. Nous avons pensé que cette planche spéciale fournirait une preuve de consanguinité entre un poussin noir et des poussins revêtus de la livrée ordinaire et tiendrait sa place dans notre recueil pour démontrer que le mélanisme est tout accidentel chez le Montagu et n'atteint même pas tous les sujets d'une même couvée. M. Jules Ray, conservateur du Musée de Troyes, captura ces trois Busards en duvet dans un même nid composé de roseaux desséchés et caché dans les herbes du marais de Saint-Germain (Aube); il conserva chez lui les trois poussins vivants pendant deux jours, et nous devons à la parfaite obligeance de cet excellent ornithologiste d'avoir pu les dessiner; ils peuvent avoir vécu une douzaine de jours et nous les avons diminué de moitié sur notre planche. Nous ferons remarquer que la tache occipitale blanche est infiniment plus visible sur le poussin noir et que la peau est apparente autour des yeux chez les trois sujets, tandis qu'elle est couverte de duvet chez le poussin nouvellement éclos de notre première planche.

Ce fait n'est pas isolé, M. le docteur Marchant raconte dans son *Catalogue des Oiseaux de la Côte-d'Or,* que M. Belin a trouvé dans un nid occupé par un couple dont l'un des individus était noir et dont l'autre avait la livrée ordinaire, six petits dont deux étaient noirs et quatre roux. En août 1829, mon père abattit à quelques minutes de distance un Montagu noir et un autre fauve, tous deux en plumage de première année et provenant vraisemblablement d'une même couvée.

M. J. Marchand, mon grand-père, fut, croyons-nous, le premier observateur qui ait signalé cette variété noire et M. Geoffroy Saint-Hilaire daignait présenter à la Société Philomatique un mémoire de lui qui a été inséré dans le *Bulletin des Sciences,* tome III, pl. XII, fig. 1, année 1802. De plus, M. Marchand offrit en 1810 au Muséum de Paris un exemplaire qui figure encore dans les galeries et que cite M. le docteur Pucheran dans une *Étude sur les types peu connus du Musée de Paris,* publiée dans la *Revue Zoologique* en février 1850. Vieillot avait tenté d'ériger cette variété mélanique en espèce sous le nom de *Circus Ater;* mais elle est maintenant bien connue ; elle se présente chez le Busard de marais, de même que chez le Busard Saint-Martin et M. le docteur Louis Bureau l'a signalée dans son excellente monographie de l'*Aigle Botté* (*Association française pour l'avancement des Sciences,* vol. de 1875, avec deux planches), et dans des observations insérées dans le *Bulletin de la Société Zoologique*, année 1876, page 57. Cet observateur a constaté dans un nid d'*Aigle Botté* que deux jeunes apartenant l'un au type blanchâtre et l'autre au type nègre étaient en tout semblables sous leur livrée en duvet, et l'une de ses planches montre les deux poussins tout blancs l'un avec les premières plumes noires, l'autre avec les premières plumes jaunâtres, précisément le contraire de ce qui se présente pour notre poussin nègre du Busard Montagu, déjà reconnaissable avant l'apparition des plumes.

Alb. Marchand, del. et Lith. 1/2 Imp. J. Langlois, à Chartres.

Milvus Regalis.

MILVUS REGALIS, Briss.

MILAN ROYAL.

KITE. — ROTHER MILAN. — NIBBIO REALE.

Duvet d'un gris jaunâtre sur toute la tête, la poitrine et le ventre; soies très-effilées et très-brillantes atteignant sur la tête une longueur de $0^{m}.03$; dos teinté de rougeâtre et dessus des ailes d'un fauve brun; cires, tour des yeux et pieds jaunes. Nous avons dessiné ce poussin au Musée de Troyes, d'après un jeune d'une huitaine de jours déniché par M. Jules Ray le 17 juin 1865 et que nous avons réduit de moitié; un autre exemplaire un peu plus âgé et de la même provenance portait sur les ailes des plumes prouvant son authenticité. La tête d'un blanc paille, uniteinte, distingue ce poussin du Milan Royal de celui du Milan Noir, dont l'œil est entouré de brun et dont les soies sont plus foncées sur le dos.

Le Milan Royal niche sur les arbres élevés des forêts, quelquefois sur des rochers; le nid assez grossier est grand et composé de bâtons recouverts d'un épais matelas d'herbes et de plumes; la ponte est de deux ou trois œufs que la femelle couve environ trois semaines.

Alb. Marchand del. et Lith. Imp. J. Langlois, à Chartres.

Nycticorax Europeus.

NYCTICORAX EUROPÆUS, Steph.

BIHOREAU A MANTEAU NOIR.

NIGHT HERON. — NACHT-REIHER. — NITTICORA.

Duvet laineux à la base, couvrant le corps presqu'en entier lors de l'éclosion, brun sur les parties supérieures et blanchâtre en dessous; le duvet de la tête est roussâtre et surmonté de longues soies blanches et brillantes; face et tour des yeux dénudés; bec et pieds jaunâtres; bouton du bec apparent. Le poussin que nous avons dessiné paraît sortir de l'œuf, et nous en possédons un autre d'une dizaine de jours qui est plus dénudé.

Le Bihoreau niche par familles à terre ou sur les arbres et même dans les rochers suivant les localités avoisinant les marais dans lesquels il habite. Ainsi MM. Jaubert et Barthélemy-Lapommeraye disent dans leurs *Richesses Ornithologiques :* « Quelques individus nichent » en Camargue, c'est le plus souvent dans les parties submergées, » au milieu des joncs ou sur un pied de tamaris que l'oiseau aime à » asseoir son nid ; ce nid est un assemblage grossier de joncs et » d'herbes aquatiques dans lequel la femelle dépose quatre ou cinq » œufs. » Nous voyons d'après d'autres témoignages que ces oiseaux forment des héronnières, que les nids sont placés sur des arbres à une faible hauteur et qu'aussitôt que les petits ont atteint une force suffisante, ils grimpent au sommet de ces arbres, où ils sont nourris par leurs parents jusqu'à ce qu'ils soient devenus capables de voler.

Alb. Marchand del. et Lith. Imp. J. Langlois, à Chartres.

Egretta Alba.

EGRETTA ALBA, Bp. ex Linn.

HÉRON AIGRETTE.

GREAT WHITE HERON. — GROSSER SILBER-REIHER. — AIRONE MAGGIORE.

Longues soies blanches, laineuses à la base, peu adhérentes à la peau, couvrant principalement la tête, les côtés du cou, le dessus des ailes et le dos; la face et la gorge dénudées; soies très-allongées sur la tête et formant une couronne de filets en rayons; le duvet devient plus rare en se trouvant remplacé par les plumes en tuyaux, de sorte qu'après quelques jours le poussin paraît plus dénudé que lors de son éclosion; parties dénudées, bec et pieds jaunâtres en collection; pointe du bec noire, bouton visible.

L'Aigrette niche par familles, le plus habituellement à terre au milieu des roseaux et quelquefois sur les arbres; les nids forment une épaisse couche d'herbes et de feuilles et sont placés dans la contiguité les uns des autres; la ponte est de trois ou quatre œufs.

Nous possédons un jeune Héron Garzette qui paraît sortir de l'œuf et qui ne semble pas différer du poussin de l'Aigrette, si ce n'est par ses moindres proportions.

Alb. Marchand, del et Lith. 1/5 Imp. J. L'anglois, à Chartres.

Sula Alba.

(*Revue et Mag. de Zoologie*, 1876, pl. 14.)

SULA BASSANA.

FOU DE BASSAN.

GANNET. — WEISSER GANNET. — SULA DELL'ISOLA DI BASSA *.

Poussin couvert d'un épais duvet d'un blanc pur; sa taille déjà considérable atteint 0 m 50 de l'extrémité du bec à la queue; le bec, les parties nues autour des yeux, et le dessus de la gorge sont d'un noir ardoisé; les rectrices de la queue commencent à poindre et chacune est terminée par un petit filet; ce bel exemplaire, très-bien préparé, proviendrait d'Ecosse; nous avons pu le dessiner à Troyes, grâce à la gracieuse obligeance de M. Jules Ray, conservateur du Musée de cette ville, et auteur de la *Faune de l'Aube;* cet ornithologiste distingué nous donna toutes les facilités désirables pour établir les planches de plusieurs poussins déposés dans les collections que la ville doit à son zèle éclairé. Les pieds de ce jeune Fou étaient noirâtres, et c'est d'après un oiseau vivant, mais adulte, que nous avons teinté de vert les doigts et le devant des tarses, les palmures restant noires.

M. Robert O. Cunningham a fait paraître dans l'*Ibis* (1866, p. 23, pl. I), une monographie du *Sula Bassana,* dans laquelle nous avons puisé quelques renseignements. Cet oiseau niche par milliers au nord des Iles Britanniques, dans des localités déterminées de l'Ecosse, des Hébrides et des Orcades. Les nids sont placés très-près les uns des autres sur des rochers escarpés et sont composés de plantes marines; la ponte, généralement indiquée comme étant d'un seul œuf, serait souvent de deux œufs selon quelques auteurs; l'incubation, d'après Morris, dure environ six semaines et l'éclosion a lieu dans les premiers jours de juin. M. O. Cunningham a capturé lui-même un pous-

* *Stor. Degli Uccelli.*

sin récemment éclos, qu'il a dessiné d'après l'oiseau vivant; il nous apprend qu'en naissant les jeunes sont nus et d'une couleur d'ardoise grisâtre ; le duvet paraît alors très-rapidement, en étant d'abord confiné sur les parties supérieures; bientôt le jeune oiseau se couvre d'un vêtement d'un blanc de neige et c'est l'état dans lequel se trouve l'exemplaire du Musée de Troyes, dont nous donnons une figure qui ne fait pas par conséquent double emploi avec la planche de l'*Ibis*. Sur le duvet blanc cotonneux s'étend graduellement le premier plumage qui est noirâtre et après deux ou trois mois, l'oiseau est capable de voler. Enfin ce n'est qu'au bout de quatre et même de cinq années qu'il prendrait définitivement la livrée blanche de l'adulte. Nous ferons remarquer que les singulières modifications de la couleur de cet oiseau l'ont rendu successivement deux fois noir et deux fois blanc lorsqu'il se trouve revêtu de son plumage définitif.

Mon père a nourri quelque temps un magnifique Fou adulte que le commandant de Villiers lui avait adressé de Belle-Ile où il l'avait capturé; il paraissait s'accommoder parfaitement des poissons et des débris de cuisine qu'il saisissait très-avidement, mais il mourut instantanément après avoir avalé un énorme crapaud, soit qu'il eût été étouffé par le volume de cet animal, ou asphyxié par les principes vénéneux qu'il pouvait contenir.

Revue et Mag. de Zoologie (1876). Pl. 15.

Alb. Marchand, del et Lith. 3/4 Imp. J. Langlois, à Chartres.

Ardea Cinerea.

(*Revue et Mag. de Zoologie*, 1876, pl. 15.)

ARDEA CINEREA, Lath.

HÉRON CENDRÉ.

COMMON HERON. — FISCH-REIHER. — NONNA.

Duvet assez long sous lequel la peau disparaît presque complètement; ce duvet est d'un gris cendré de la teinte du plumage de la première année; des soies très-fines couronnent le dessus de la tête et du cou et atteignent 0 m 03 de longueur sur l'occiput; nous avons colorié, d'après l'oiseau préparé, le bec ainsi que les parties dénudées entourant l'œil en jaune livide, la gorge avec le devant du cou en jaune rougeâtre, enfin les pieds en jaune livide.

Nous avons dessiné au Musée de Troyes ce jeune *Héron Cendré*, qui a été capturé par M. Jules Ray dans les environs de la ville; notre figure donne les trois quarts de la grandeur naturelle de ce poussin que nous considérons comme n'ayant vécu qu'un petit nombre de jours; cependant lors de l'éclosion ces oiseaux n'ont sur la tête, le cou et le dos que quelques poils jaunâtres, d'après le témoignage irrécusable de M. Lescuyer, qui vit dans sa main un jeune héronneau fendre la coquille de son œuf et s'échapper de suite pour aller rejoindre ses frères.

Les hérons nichent le plus habituellement par colonies et les nids sont placés sur des arbres entourés de marais; ils sont plats, arrondis, composés de branches mortes et leur diamètre atteint un mètre sur 0 m 30 d'épaisseur. La moyenne de la ponte est de trois œufs; l'incubation dure cinq semaines et les petits éclosent vers la fin d'avril et le commencement de mai; leur première croissance est rapide et ils ont alors besoin de beaucoup de nourriture, mais ils sont des mois avant de pouvoir prendre leur vol; leur première éducation se prolonge jusqu'à la fin de juin, époque à laquelle la plupart d'entre eux vont dans le voisinage essayer leur vol, chercher de la nourriture et acquérir les forces dont ils auront besoin plus tard pour entreprendre leurs migrations. Nous avons emprunté ces renseignements au travail si précis de M. Lescuyer ayant pour titre *Le Héron Gris et la Héronnière d'Ecury-le-Grand* (Caen, 1869, extrait de l'*Annuaire de l'Institut des Provinces*). Il était impossible, croyons-nous, d'avoir recours à une source plus autorisée que celle de ce compte-rendu des visites faites par l'auteur à cette héronnière d'Ecury, si merveilleusement conservée en Champagne par les soins de M. le comte de Sainte-Suzanne, et qui fournit un contingent annuel de 492 héronneaux, pour le développement de cette espèce d'oiseaux dans l'Est de la France. Les localités où nichent les hérons sont nombreuses en Angleterre, et Yarrell donne la nomenclature d'une cinquantaine de héronnières existant dans vingt-deux comtés; la plupart sont situées dans les parcs de grandes résidences.

Revue et Mag. de Zoologie (1877). Pl. 12.

Alb. Marchand, del. et Lith. 4/5 Imp. J. Langlois, à Chartres.

Tetraogallus Caucasicus.

(Revue et Mag. de Zoologie, 1877, pl. 12.)

TETRAOGALLUS CAUCASICUS, Gray.

TÉTRAGALLE CASPIEN, Gerbe.

CAUCASIAN SNOW PARTRIDGE. — DAS KÖNIGSREBHUHN (Brehm). — [.......]

Duvet soyeux d'un gris cendré, plus foncé sur la tête ; pointillé de roussâtre et de noir sur les parties supérieures ; de larges croissants blanchâtres sont réservés entre les parties pointillées du dos ; la poitrine et les parties inférieures sont d'un gris roussâtre, sans taches. Nous devons ce jeune Tétragalle à l'obligeance de M. E. Deyrolle, qui l'a reçu du Caucase ; ce poussin, que nous avons réduit d'un cinquième, peut avoir vécu quatre ou cinq jours, ses premières plumes apparaissent sur les ailes, ce qui a lieu dès la sortie de l'œuf chez les *Perdrix*. Le bec et les pieds indiquent le jeune d'un oiseau de forte taille, ils sont brunâtres sur notre dépouille ; les deux tiers des tarses sont nus et couverts de petites écailles ; les narines sont surmontées d'une caroncule qui serait d'un jaune très-vif ainsi que les paupières et un trait dénudé près des yeux (Pallas, *Zoog. Rosso-Asiat.*, II, p. 76) ; l'espace nu en arrière des yeux serait d'un rouge orange chez le mâle adulte (Gerbe, *Ornith. Eur.*, II, p. 56).

Alb. Marchand, del. et Lith. 3/5 Imp. J. Langlois, à Chartres.

Larus Ridibundus.

(Revue et Mag. de Zoologie, 1877, pl. 13.)

LARUS RIDIBUNDUS, Linn.

MOUETTE RIEUSE.

Black Headed Gull. — Lach Meve. — Gabbiano Comune.

Duvet d'un fauve roussâtre ; la tête, les côtés du cou, le dos et les flancs semés de taches brunes ; le fauve de la poitrine se dégrade sans taches et devient blanchâtre sous le ventre ; bec noir à la pointe ; la base du bec et les pieds sont rouges sur la belle planche des *Oiseaux de Lombardie* (tav. xcviii), nous avons suivi l'exemple qui nous était donné, bien que les pieds des jeunes Mouettes Rieuses soient généralement indiqués dans les descriptions comme étant jaunâtres. Nous avons dessiné ce poussin au Musée de Troyes ; il a dû vivre quatre ou cinq jours et nous l'avons réduit aux trois-cinquièmes ; il ne diffère pas d'un exemplaire d'une dizaine de jours qui fait partie de notre collection. Les poussins figurés dans le grand ouvrage italien sont couverts de plumes de la même couleur que notre duvet si ce n'est que le ventre est blanc.

Les Mouettes Rieuses se réunissent en bandes innombrables pour nicher au milieu des marais inaccessibles situés près de l'embouchure des fleuves, ou près des eaux tranquilles, isolées de la mer par des dunes ; les nids sont placés sur une touffe d'herbes, ils sont garnis de quelques plumes et de débris de végétaux aquatiques. La ponte est habituellement de trois œufs ; l'incubation dure 18 à 20 jours. Yarrell cite plusieurs localités où les œufs sont recueillis pour être portés aux marchés de Norwich et de Lynn.

Brehm nous donne des renseignements précis sur le jeune âge des Mouettes Rieuses : « Quand le nid est entouré d'eau, ils (les petits) » ne le quittent pas les premiers jours, tandis que dans les petites » îles ils aiment à rôder sur la terre ferme ; lorsqu'ils sont âgés de

» huit jours, ils commencent même à s'aventurer dans l'eau ; dans » la seconde semaine ils voltigent déjà tout autour et à la troisième » ils sont à peu près indépendants. Les vieux sont continuellement » occupés à prévenir les dangers qui menacent leurs petits. » (*Vie des Animaux*, édition Z. Gerbe, p. 810.)

Alb. Marchand, del. et Lith. 1/3 Imp. J. Langlois, à Chartres.

Anser Cineraceus.

(Revue et Mag. de Zoologie, 1877, pl. 14.)

ANSER CINEREUS *, Meyer.

OIE CENDRÉE.

GREY-LAG GOOSE. — GRAU-GANS. — OCA PAGLIETANA.

Duvet d'un cendré olivâtre, jaunâtre sur la tête et le dos et blanchâtre en dessous; bec et pieds d'un brun livide assez clair. Le poussin que nous avons dessiné est d'une dizaine de jours et nous l'avons réduit d'un tiers; nous le croyons appartenir réellement à la race sauvage à cause de la sveltesse de son bec et de ses formes générales.

L'Oie Cendrée niche au milieu des herbes des étangs salés, ou des grands lacs et cache son nid sur une petite élévation dont l'accès est rendu difficile par les eaux ou les vases qui l'entourent. Pallas dit qu'à l'embouchure du Volga, les nids sont construits sur des saules et des arbustes bas de façon à se trouver à l'abri des inondations. Cette oie dépose six à dix œufs sur un nid composé de feuilles, de joncs, de bruyères ou d'herbes sèches et abondamment garni de plumes. Le mâle se joint à la femelle pour entourer les petits de leur sollicitude et les conduire à la pâture aussitôt qu'ils sont éclos.

Les auteurs sont assez unanimes pour considérer cette espèce comme le type de la variété domestique.

* Notre planche porte par erreur le nom d'*Anser Cineraceus*.

Alb. Marchand, del et Lith. 3/4 Imp. J. Langlois, à Chartres.

Platalea Leucorodia.

(*Revue et Mag. de Zoologie*, 1877, pl. 15.)

PLATALEA LEUCORODIA, Linn.

SPATULE BLANCHE.

WHITE SPOONBILL. — WEISSER LÖFFLER. — SPATOLA.

Duvet très-léger d'un blanc de neige, à travers lequel se distingue la peau jaunâtre ; front, tour des yeux et gorge dénudés ; le duvet est court et serré sur le dessus de la tête ; le bec est épais, large, un peu aplati et terminé par un angle obtus portant le bouton ; le bec s'est visiblement desséché chez notre exemplaire depuis que nous l'avons reçu et il devait être fort mou à l'état vivant ; ce poussin a pu vivre cinq à six jours, nous en possédons un autre d'une quinzaine de jours, dont le bec est relativement plus court, plus obtus, et les tarses beaucoup plus épais. Notre planche présente les trois quarts de la nature.

Les Spatules nichent sur le bord des rivières, près de l'embouchure des fleuves et des grands lacs, tantôt sur les arbres et les buissons, tantôt parmi les joncs (Degl. et Gerbe, *Ornith. Eur.*). Le nid est construit avec des bûchettes et des herbes, comme ceux des hérons et des cigognes; la ponte est de deux à quatre œufs.

Alb. Marchand, del. et Lith. 4/5 Imp. J. L'anglois, à Chartres.

Mergus Merganser.

MERGUS MERGANSER, Linn.

GRAND HARLE.

Goosander. — Grosser Säger. — Smergo maggiore.

Duvet de la même nature que celui des jeunes canards; partie de la tête supérieure aux yeux d'un brun uniforme; gorge, poitrine et ventre blancs; partie inférieure des joues d'un roux assez vif; une bande rousse très-nettement indiquée s'étendant de la base des mandibules au-dessous de l'œil et séparée par un intervalle blanc du noir qui existe entre le bec et l'œil; une légère teinte roussâtre au-dessus de l'œil; quatre taches blanches sur le dessus du corps. Les deux différences les plus sensibles entre ce poussin et celui du *M. Serrator,* me paraissent résider d'abord dans le brun de la tête qui descend très-nettement chez le Merganser jusqu'au niveau de la bande se prolongeant au-dessous de l'œil suivant l'axe des mandibules et ensuite dans son dos d'un brun moins foncé, ce qui est conforme aux plumages de la première année si l'on en compare sur les deux espèces les teintes des parties supérieures. Nous avons dessiné ce poussin de deux ou trois jours, à Angers, dans la collection de M. le vicomte François de Rochebouët, qui a eu la grande obligeance de mettre à notre disposition sa charmante série de poussins.

Le Grand Harle niche en Islande et dans les régions glaciales; son nid est un monceau d'herbes mélangées de duvet, placé au milieu des pierres, dans les broussailles, ou quelquefois sur un tronc d'arbre; la ponte est de huit à dix œufs et même davantage; aussitôt que les jeunes sont éclos la mère les conduit sur l'eau pour y chercher leur nourriture et commencer leur éducation; les naturalistes anglais assurent que la mère charge ses poussins sur son dos pour les porter des creux des arbres où ils sont éclos jusqu'au bord de l'eau.

Alb. Marchand, del. et lith. ½ Imp. J. Langlois, à Chartres.

Grus Cinerea.

(*Revue et Mag. de Zoologie*, 1877, pl. 9.)

GRUS CINEREA, Bechst.

GRUE CENDRÉE.

COMMON CRANE. — GRAUER KRANICH. — GRUE.

Duvet serré, ne laissant aucune partie dénudée; d'un jaune cendré rougeâtre sur l'occiput et d'un roux vif sur les parties supérieures; le manteau est uniteinte et sans bandes longitudinales comme celles du dos du poussin de la Grue de Numidie, ce qui rend ces deux espèces fort différentes dès leur sortie de l'œuf. Le poussin que nous avons figuré ne peut avoir vécu que quelques jours et nous l'avons réduit à la moitié de sa taille.

Les Grues cendrées nichent dans les régions orientales du Nord de l'Europe, elles construisent un nid considérable placé à terre au milieu des plantes marécageuses, des buissons ou parfois sur le sommet des murailles en ruines. La ponte est de deux œufs. M. Brehm raconte qu'il reçut de très-jeunes grues qui mangèrent immédiatement dans ses mains et qu'elles se montraient si adroites et si indépendantes qu'on ne pouvait méconnaitre leur caractère d'oiseaux nidifuges.

Des Grues cendrées se sont reproduites en domesticité à Regent's Park en 1863 (*Journal d'aclimatation,* année 1875).

Alb. Marchand, del. et Lith. 2/5 Imp. J. Langlois, à Chartres.

Phœnicopterus Antiquorum.

(Revue et Mag. de Zoologie, 1877, pl. 11.)

PHŒNICOPTERUS ANTIQUORUM, Temm.

FLAMMANT ROSE.

Rosy Flamingo. — Rosenfarbiger Flamingo. — Fenicottero.

Duvet très-léger d'un blanc de neige ne recouvrant pas complètement la peau grisâtre sous la gorge et le devant du cou. Sur l'oiseau desséché la partie dénudée entre le bec et l'œil est d'un noir profond ainsi que la naissance des mandibules; le bec encore droit est épais et d'un noir brunâtre; les pieds et les tarses sont très-forts et d'un brun noirâtre. Un poussin de deux ou trois jours nous a servi pour cette planche, que nous avons réduite aux deux-cinquièmes de la grandeur naturelle.

Les Flammants sè reproduisaient autrefois fréquemment dans les ilots de la Camargue, particulièrement sur le vaste étang de Valcarès. M. Crespon nous a montré en 1851 un grand nombre d'œufs qu'il avait trouvés en Provence; ces œufs étaient déposés sans nid sur le sommet d'une bande de terrain placée entre deux fossés; malheureusement ces beaux oiseaux ne feraient plus que des apparitions accidentelles dans la Carmague par suite du dessèchement de quelques marais et de la guerre acharnée qu'on leur a déclarée. La ponte des Flammants est de deux œufs. A peine éclos les petits courent assez bien et se mettent à nager dès les premiers jours, cependant ils restent quelques mois avant de pouvoir voler (Brehm, *Vie des Animaux,* édit. Z. Gerbe).

La plupart des Flammants qui font l'ornement des jardins zoologiques sont expédiés d'Egypte où ils sont capturés la nuit avec des filets.

Alb. Marchand, del et Lith. 1/3 Imp. J. Langlois, à Chartres.

Erismatura Leucocephala.

ERISMATURA LEUCOCEPHALA, Bonap.

CANARD COURONNÉ.

WHITE-HEADED DUCK. — RUDER-ENTE. — GOBBO RUGGINOSO.

Duvet laineux d'un brun rougeâtre couvrant la tête et les parties supérieures; le ventre et les parties inférieures d'un cendré brunâtre; les joues noirâtres; la gorge, ainsi que les faces latérales et antérieures du cou blanchâtres; une bande blanche étroite passe au-dessus de l'œil et descend le long du cou, dont la partie supérieure est brune; pieds d'un brun cendré avec la membrane interdigitale noire. L'exemplaire que nous avons dessiné au musée de Troyes, grâce à la complaisance de M. Jules Ray, est presque parvenu à sa taille complète et notre planche le présente réduit au tiers de sa véritable grosseur; de petits plumets duveteux indiquent les premières rémiges de la queue, et de petites plumes rousses, perçant le duvet sur les flancs de la poitrine, font présager le plumage de la première année, auquel nous trouvons ces mêmes plumes rousses chez un exemplaire de notre collection. Ce jeune poussin a été rapporté d'Algérie par M. le capitaine Aug. Prévost, qui l'a déniché, m'a dit M. Ray, dans les roseaux d'un lac salé.

Le capitaine Loche cite le lac d'Halloula comme l'une des localités de l'Algérie, dans lesquelles le Canard Couronné niche le plus habituellement. M. Tristram a trouvé plusieurs nids, mais il n'en a pas vu de flottants, comme l'a dit Temminck. La ponte serait de cinq à dix œufs.

Revue et Mag. de Zoologie (1877) Pl. 16.

Alb. Marchand, del. et Lith. ½ Imp. J. L'anglois, à Chartres.

Aquila Clanga.

(*Revue et Mag. de Zoologie*, 1877, pl. 16.)

AQUILA CLANGA, Pall.

AIGLE PLAINTIF DE PALLAS *.

CLANG-EALE. — SCHALL-ADLER (.......)

Duvet laineux d'un blanc presque pur, avec de longues soies sur la tête; duvet brun en arrière de l'œil et s'étendant en cercle sur la limite des parties dénudées; bec très-fort, noir, marteau de la délivrance apparent; duvet court sur le dessus des tarses, la partie postérieure est dénudée; cires, lorums, tour des yeux jaunes et sans duvet; régions nues aux épaules et sur les flancs. Notre planche est dessinée d'après un poussin de quelques jours qui nous a été adressé comme ayant été capturé dans les steppes du Bas-Wolga, où cet aigle nicherait à terre très-fréquemment, et où sa ponte serait de deux ou trois œufs. L'attribution de ce poussin se trouve confirmée par la description que MM. Alléon et Vian ont donnée dans la *Revue Zoologique,* année 1873, p. 237 :

« Le jeune, au sortir de l'œuf, est vêtu d'un duvet assez épais, » laineux sur le corps, pileux sur la tête, d'un blanc pur, mais avec » un cercle enfumé autour des yeux; les doigts, cire et commissures » sont jaunes, le bec noirâtre et les ongles brun pâle. Il diffère no- » tablement de celui de l'Aigle Criard qui a seulement les parties » inférieures blanches, mais le dos, le cou et la poitrine un peu » rembrunis et un masque un peu enfumé qui s'étend en arrière » jusqu'à la nuque, et sur les côtés jusqu'aux commissures. »

M. Edm. Fairmaire a donné la description de ce poussin dans son *Étude sur les Rapaces de France,* p. 30.

* Synonymie de Badeker. (*Die Eier Europ. Vœgel.*)

Revue et Mag. de Zoologie (1879) Pl. 3.

Alb. Marchand. del. et Lith. 2/3 Imp. J. L'anglois, à Chartres.

Ibis Falcinellus.

(Revue et Mag. de Zoologie, 1879, pl. 3.)

IBIS FALCINELLUS, Vieill.

IBIS FALCINELLE.

GLOSSY IBIS. — DUNKELFARBIGER SICHLER. — MIGNATTAJO.

Duvet extrêmement léger et transparent, laissant apercevoir la peau noirâtre sur les parties supérieures tandis qu'elle est jaunâtre en dessous; une ligne médiane jaunâtre sur la peau suivant l'épine dorsale; duvet fin, soyeux et d'un beau noir brillant sur la tête et le haut du cou, formant une houppe sur le front; une tache d'un fauve blanchâtre sur l'occiput; une petite tache blanche au-dessus de l'œil; quatre bandes transversales, étroites, blanches sur le devant du cou; ces bandes se conservent pendant le premier plumage de l'oiseau; tour des yeux dénudé, blanchâtre; lorums et bases du bec dénudés, noirs; bec jaune chez l'oiseau desséché, avec la pointe noire et une tache médiane noire sur les deux mandibules; pieds jaunâtres en collection et plus probablement verdâtres à l'état vivant. Nous avons réduit ce poussin d'un tiers, il ne nous paraît pas avoir vécu plus de trois ou quatre jours; nous remarquerons que ce jeune ibis présente des analogies avec les poussins des Poules d'eau et des Talèves.

Les Ibis Falcinelles nichent par familles sur des saules disséminés au milieu des grands joncs des marais, le nid est établi à une faible élévation au-dessus du sol; la ponte est de deux ou trois œufs; les jeunes ne quittent pas le nid avant de pouvoir voler.

Alb. Marchand, del. et Lith. Imp. J. Langlois, à Chartres.

Stercorarius Cataractes.

(*Revue et Mag. de Zoologie*, 1879, pl. 4.)

STERCORARIUS CATARACTES, Vieill.

STERCORAIRE CATARACTE.

Common Skua. — Grosse Raubmeve. — Stercorario Maggiore, Salvad.

Duvet assez court et soyeux ; toute la tête et le cou sillonnés longitudinalement de brun et de gris par égale quantité ; dos et dessus des ailes d'un brun foncé tout semé de soies d'un gris fauve ; ventre d'un blanc sale ; bec fort, d'un brun noir, portant le marteau de la délivrance ; mandibule supérieure terminée par un onglet crochu ; pieds grands et noirs. Le poussin que nous représentons nous provient du Groënland, il sort de l'œuf et ne peut être qu'un jeune de nos grands Laridés ; son bec est beaucoup plutôt celui d'un stercoraire que celui du poussin d'un goëland toujours plus obtus ; malheureusement la membrane qui enveloppe le bec des stercoraires s'est contractée en se desséchant sur notre exemplaire et de plus a été percée par le préparateur ; ce n'est donc qu'avec une grande hésitation que nous présentons ce jeune Stercoraire Cataracte, d'autant plus que M. Gerbe dit qu'en naissant, les jeunes de cette espèce sont couverts d'un long duvet gris foncé et que les poussins des stercoraires longicaudes et parasites portent un duvet plus long et plus léger que celui de notre exemplaire.

Le Stercoraire Cataracte niche sur les lieux élevés au milieu des herbes ; la ponte a lieu en juin ; elle est de deux œufs, déposés dans un nid considérable composé d'herbes ou de mousses. D'après M. Brehm, Graba visita une place à couver peuplée de près de cinquante couples. Le mâle et la femelle couvent à tour de rôle pendant quatre semaines environ ; au commencement de juillet, on trouve dans la plupart des nids les jeunes recouverts de leur duvet d'un gris brunâtre ; à l'approche d'une personne, ils quittent leur nid avec toute la rapidité dont ils sont capables, sautillent, courent, s'élancent à terre et se cachent..... Ils sont nourris au début de mollusques, de vers, d'œufs,... puis ils reçoivent de petits morceaux de viande et de poisson; ils mangent aussi lorsqu'ils sont devenus assez indépendants, les différentes baies qui poussent dans le voisinage de leur nid. A la fin d'août ils ont atteint toute leur taille, ils voltigent encore quelque temps et finissent par gagner vers la mi-septembre la haute mer (Brehm, *Vie des Animaux,* édit. Z. Gerbe).

Revue et Mag. de Zoologie (1879) Pl. 5.

Alb. Marchand, del. et Lith. Imp. J. Langlois, à Chartres.

Pelidna Cinclus.

(*Revue et Mag. de Zoologie*, 1879, pl. 5.)

PELIDNA CINCLUS, Bonap.

BÉCASSEAU VARIABLE.

DUNLIN. — VERÄNDERLICHER STRANDLÄUFER — PIOVANELLO PANCIA-NERA.

Duvet épais, laineux, terminé par des soies fines d'un cendré noisette, lavé de roux sur les parties supérieures qui sont parsemées de taches noires et de petites houppes d'un blanc jaunâtre formant des dessins sur le dos et les ailes; tache occipitale s'avançant en un trait mince jusqu'à la naissance du bec; un trait très-étroit entre le bec et l'œil; de petites taches pointillées au bas des joues; gorge et ventre blancs; poitrine roussâtre; un collier au bas de la nuque d'un gris plus plombé et plus pâle que celui de l'occiput et du dos; bec brun; les pieds, bruns en collection, seraient verdâtres. D'après la comparaison de plusieurs exemplaires indiqués comme appartenant aux types de la Pelidna Cinclus et de la Pelidna Torquata, la première serait plus teintée de roux et la seconde d'un gris plus cendré dans son ensemble, mais ces nuances dans le duvet pourraient bien tenir simplement à des provenances différentes. Le collier de ce poussin rappelle un peu celui des pluviers et les petites houppes blanches grouperaient ensemble les pluviers, les bécassines, les bécasseaux, le combattant, etc. tandis que l'absence de cette nature de duvet serait commune aux courlis, chevaliers, tourne-pierre, phalarope hyperboré, etc.

Le Bécasseau variable niche dans les marais herbus du nord de l'Europe; le nid est à terre caché dans un endroit sec, et la ponte est de quatre œufs; les petits quittent le nid aussitôt qu'ils sont éclos et reçoivent de leurs parents des soins attentifs.

Alb. Marchand, del. et Lith.

Imp. J. Langlois, à Chartres.

Pelidna Torquata.

PELIDNA TORQUATA.

PELIDNE A COLLIER.

(Gerbe, *Ornith. Europ.*)

Le poussin dont nous donnons la figure aurait été capturé en Ecosse, où la race de Bécasseau Variable désignée par M. Gerbe (*Ornith. Européenne*), sous le nom de Pelidna Torquata nicherait communément tandis que l'espèce type ne s'y rencontrerait pas à l'époque de la propagation.

Il diffère du Pelidna Cinclus de notre planche précédente (*Rev. Zool.,* 1879, pl. v), par une teinte générale d'un cendré plus plombé; le cercle blanc qui entoure les yeux est aussi plus grand et plus vert que chez le Bécasseau Variable, dont l'ensemble est plus lavé de roussâtre; telle est du moins l'impression que nous avons recueillie d'après les divers exemplaires que nous avons comparés. Quant à la taille du bec et des pieds, les proportions varient trop chez les poussins, pendant les premiers jours de leur existence, pour qu'on puisse tirer de leurs dimensions aucune probabilité, d'autant plus qu'on trouverait sans doute entre ces différences des passages intermédiaires, suivant les races ou les localités.

Revue et Mag. de Zoologie (1879) Pl. 6.

Alb. Marchand. del. et lith. Imp. J. Langlois, à Chartres

Scolopax Major.

(Revue et Mag. de Zoologie, 1879, pl. 6.)

SCOLOPAX MAJOR, Gmel.

GRANDE ou DOUBLE BÉCASSINE.

Great Snipe. — Grosse Sumpfschnepfe. — Beccaccio Maggiore.

Duvet épais, d'un gris fauve, très-laineux et noir à la base, terminé par de petites soies extrêmement fines; occiput, parties supérieures, du dos et flancs teintés de roux vif; bas du manteau et haut des cuisses d'un beau noir semé de roux; toutes les parties supérieures ornées de taches formées par de petites houppes blanches, assez agglomérées sur le noir du dos pour paraître en bandes blanchâtres; un sillon noir s'avançant de l'occiput jusqu'à la naissance du bec; bande sourcilière blanchâtre surmontant un sourcil fauve; un trait noir traversant l'œil se réunissant à une tache noire située au-dessous de la région parotique; un trait en arc de cercle au-dessous de l'œil; deux taches noires au haut de la poitrine, qui est plus noirâtre que le ventre; bec et pieds bleuâtres.

La Bécassine Double niche en mai dans les marais du Nord et dans les mêmes conditions que la bécassine ordinaire; la ponte est de trois ou quatre œufs; l'incubation durerait dix-sept jours et les poussins seraient surveillés pendant un mois par leurs parents.

Revue et Mag. de Zoologie (1878) Pl. 10.

Alb. Marchand, del et Lith. Imp. J. Langlois, à Chartres.

Symphemia Semipalmata.

(Revue et Mag. de Zoologie, 1878, pl. 10.)

SYMPHEMIA SEMIPALMATA, Gerbe.

CHEVALIER SEMI-PALMÉ.

WILLET. — SCHWIMMFÜSSIGER WASSERLÄUFER. — CROCCOLONE.

Duvet très-serré, laineux, terminé par des soies très-fines, d'un gris cendré sur les parties supérieures et sur les cuisses, légèrement lavé de roux sur le front, le dessus des ailes et les flancs; la tête et le dos variés de brun foncé formant des dessins symétriques, très-visibles sur chaque partie du corps; un sillon étroit brun partant de la naissance du bec et se dirigeant vers l'occiput, dont le centre est brun et accompagné de bandes blanches; gorge blanche; duvet de la poitrine blanchâtre et laissant voir par transparence sa base noirâtre; bec et pieds grisâtres; palmure s'étendant au-delà de la première articulation entre le doigt externe et le médian; pouce long; ces deux caractères qui sont ceux indiqués par M. Gerbe, pour la *Symphemia Semipalmata* ne nous laissent pas de doute en attribuant à cette espèce le poussin que nous avons dessiné et dont nous avons faiblement diminué la proportion; ce jeune oiseau en duvet présente tous les caractères des poussins des Totaniens.

Le Chevalier Semi-palmé niche dans les joncs des marais salins de l'Amérique septentrionale; le nid est à terre, composé de plantes aquatiques et rechargé de nouveaux matériaux pendant la durée de l'incubation; la ponte est de quatre œufs; les poussins courent aussitôt qu'ils sont éclos.

Alb. Marchand del. et Lith. Imp. J. Langlois, à Chartres.

Falco Sacer.

(Revue et Mag. de Zoologie, 1878, pl. 11.)

FALCO SACER, Briss.

FAUCON SACRE, Gerbe.

SAKER FALCON. — (........) — IL SACRO.

Duvet cotonneux et léger, d'un blanc pur, couvrant à peu près tout le corps et ne laissant complètement dénudés que les cires et le tour des yeux; bec d'une très-forte proportion, angles très-accusés, crochet de la mandibule supérieure relié à la pointe du bec par une sorte de membrane; bouton apparent; le bec et les pieds sont d'un blanc jaunâtre en collection, nous les avons teintés de bleuâtre, par analogie avec la couleur qu'ils eussent acquis lors de leur premier plumage.

Le Faucon Sacre serait répandu, d'après Pallas, dans tous les déserts de la Tartarie; il niche sur les arbres et les buissons des solitudes, et la ponte est de deux ou trois œufs.

Cet oiseau était très-estimé pour la chasse au vol et fort connu en Europe lorsque la fauconnerie était en honneur; depuis il s'était trouvé oublié ou confondu; mais de nos jours on l'a observé plusieurs fois en Europe, et il est facile de se le procurer dans la Russie méridionale et la Perse, où il est encore employé pour la chasse.

Nous avons signalé dans le Catalogue des Oiseaux d'Eure-et-Loir (*Rev. Zool.,* 1863), la capture d'un Faucon Sacre à Dammarie, arrondissement de Chartres, le 22 août 1840 *.

* Cet oiseau fait partie de notre collection, nous l'avons eu en chair et son plumage est celui d'une très-vieille femelle. M. Lacroix cite également deux captures dans le département de l'Hérault, près de Clermont et de Pezénas (*Catal.' des Oiseaux observés dans les Pyrénées françaises et les régions limitrophes*).

Revue et Mag. de Zoologie (1878) Pl.12.

Alb. Marchand. del. et Lith. Imp. J. Langlois, à Chartres.

Stercorarius Parasiticus. GERBE.

(Revue et Mag. de Zoologie, 1879, pl. 12.)

STERCORARIUS PARASITICUS, Gerbe.

STERCORAIRE RICHARDSON.

RICHARDSON'S SKUA. — SCHMAROTZER-RAUBMEVE. — LABBO *.

Duvet long, laineux et léger, d'un gris cendré fauve, sans aucune tache, plus foncé sur la tête, le dos et le haut de la poitrine, que sous la gorge, les côtés du cou et le ventre, qui sont jaunâtres; lorums et dessous des yeux un peu cendrés; bec brun de corne; tarses grisâtres et membranes interdigitales jaunâtres, d'après l'oiseau en collection, et tarses bleus et pieds noirs d'après le témoignage cité par M. Yarrell; faces postérieures de la base des tarses couvertes de petites aspérités. Ce poussin diffère de celui que nous avons publié sous le nom de *Stercorarius Longicaudus*, par une teinte générale plus claire et beaucoup plus fauve.

Le Labbe Parasite, que Temminck désignait sous le nom de Stercoraire Richardson, niche en nombre, mais par paires isolées, dans les régions septentrionales de notre hémisphère; les mâles et les femelles couvent alternativement. D'après M. Yarrell, les nids sont faits d'herbes mortes et de mousses et placés sur une éminence peu élevée mais sèche; les œufs sont habituellement au nombre de deux. M. Drosier a eu l'occasion d'examiner ces oiseaux lors de l'éclosion, il en découvrit plusieurs cachés dans les longues herbes et bien que beaucoup d'entre eux fussent encore couverts de duvet, les tarses noirs et les pieds bleus étaient très-distincts (Yarrell, *British Birds*).

* Savi, *Orn. Ital.*

Revue et Mag. de Zoologie (1878) Pl. 13.

Alb. Marchand, del et Lith. Imp. J. Langlois, à Chartres.

Scolopax Gallinula.

(*Revue et Mag. de Zoologie*, 1878, pl. 13.)

SCOLOPAX GALLINULA, Linn.

BÉCASSINE SOURDE.

JACK SNIPE. — KLEINE SUMPFSCHNEPFE. — FRULLINO.

Duvet épais, noir à la base, d'un roux fauve assez vif sur la tête et les parties supérieures; gorge, joues et front d'un blanc jaunâtre sur lequel tranchent en noir une petite tache à la naissance du bec, une bande sur le lorum et une autre bande en forme de moustache au-dessous des joues; un cercle fauve autour des yeux et une bande sourcilière jaunâtre; front, occiput et dos variés de roux vif, de brun et de houppes blanches; un collier noirâtre au haut de la poitrine, celle-ci d'un roux jaunâtre; ventre d'un cendré jaunâtre; bec et pieds bruns.

Nous pensons, d'après des poussins d'origines et d'âges variés, qu'on peut distinguer entre elles nos trois espèces de bécassines : 1° la *Scolopax Gallinago* par un ton général d'un roux plus vif, particulièrement sous la gorge et la poitrine, le fauve du ventre est aussi plus sombre; 2° la *Scolopax Gallinula* par ses taches noires sur les lorums et ses moustaches au bas des joues; 3° la *Scolopax Major* par un aspect d'un gris fauve beaucoup plus jaunâtre que les teintes rousses des deux autres espèces.

La Bécassine Sourde niche à terre dans les contrées marécageuses du nord de l'Europe; sa ponte est de quatre œufs.

TABLE ALPHABÉTIQUE.

(Noms français du *Manuel d'Ornithologie* de Temminck.)

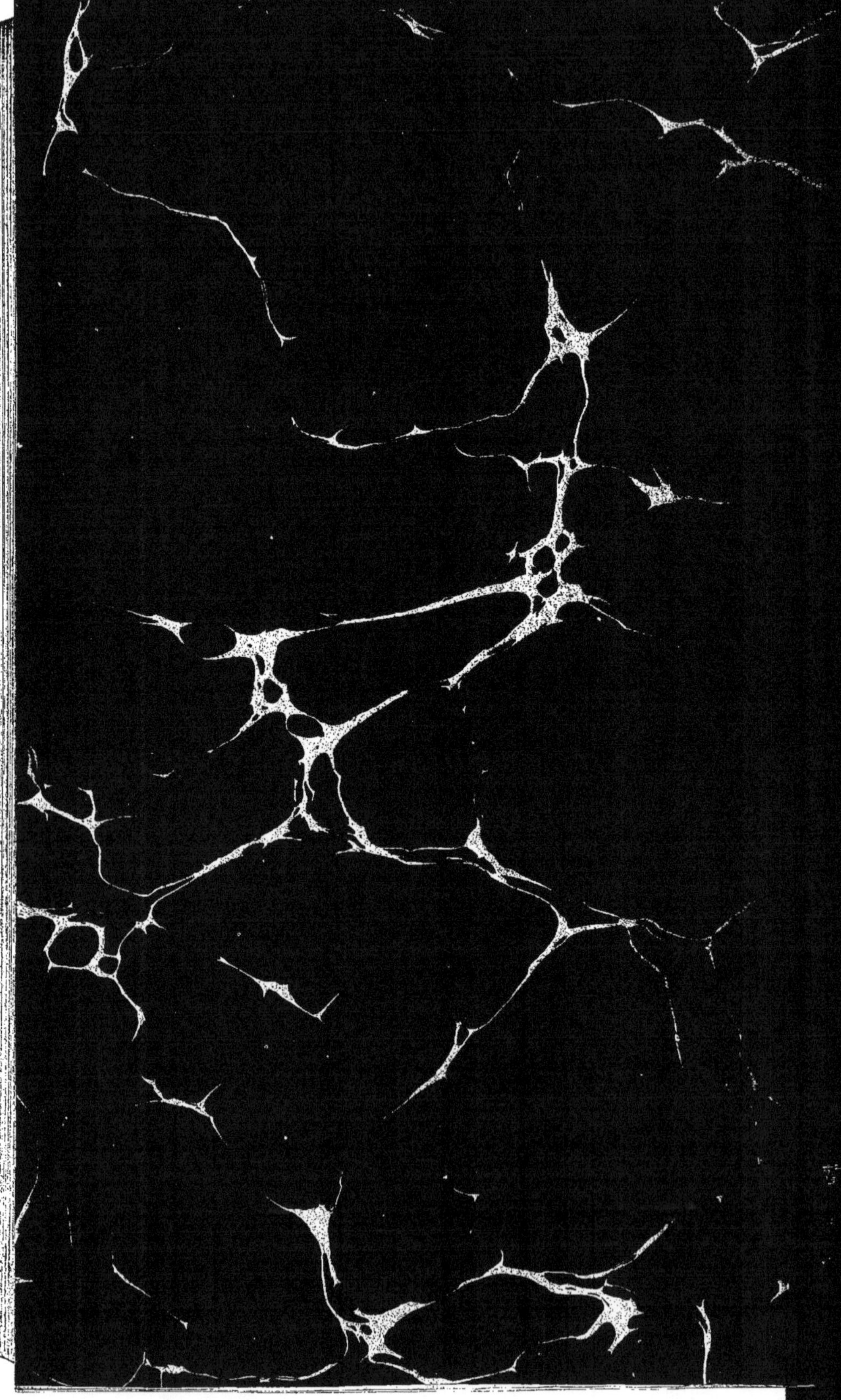

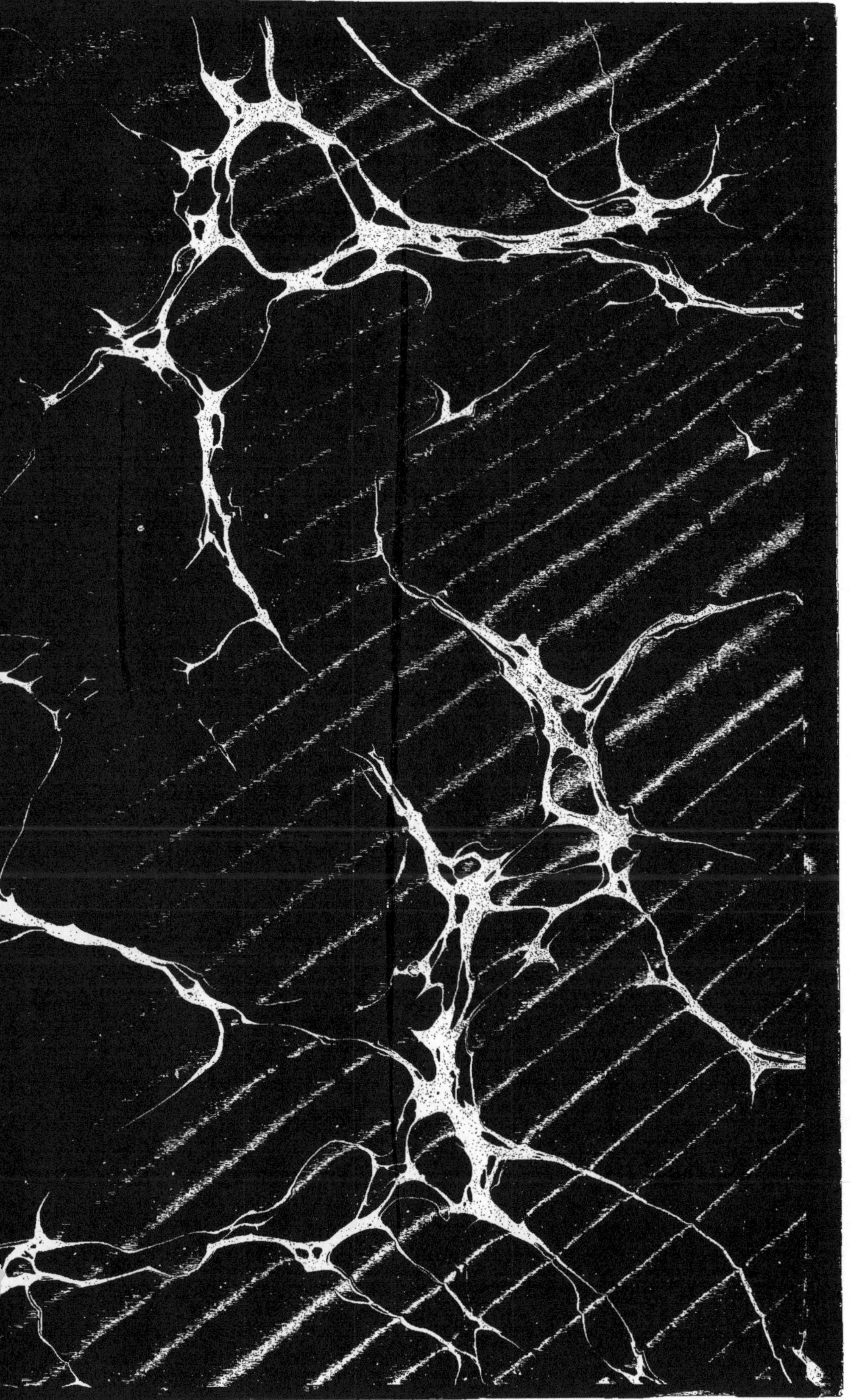

www.ingramcontent.com/pod-product-compliance
Ingram Content Group UK Ltd.
Pitfield, Milton Keynes, MK11 3LW, UK
UKHW021904260726
13966UKWH00006B/410